机电设备管理

主　编　何世松　贾颖莲
副主编　彭艳蓝　徐　露　蔡圳南

在线课程

U0233326

北京理工大学出版社
BEIJING INSTITUTE OF TECHNOLOGY PRESS

内 容 简 介

机电设备管理是企业管理的一项重要工作。在数字经济时代，企业要想实现更高程度的自动化、无人化、制造更高技术的产品，建造更高水平的建筑，提供更高质量的服务，必须有相应的机电设备作为保障，并管理、维护、使用好这些机电设备。本书主要面向设备管理员岗位，采用"项目导向、任务驱动"的方式进行编写，每个项目下包含若干典型工作任务，每个任务均详细介绍了完成该工作任务所需的知识和技能。全书包含机电设备的前期管理，机电设备的资产管理，机电设备的使用及维护，机电设备的润滑管理，机电设备的维修管理，机电设备的升级改造，机电设备的折旧、回收与报废共 7 大类项目，每个项目后均附有若干强化训练任务，供读者巩固学习、复习检查所用。为了更好地帮助读者强化学习、扩大视野，项目 1 之前安排了课程导论，项目 7 之后安排了实用的《设备点检员》国家职业技能标准、全国设备点检管理职业技能竞赛、企业设备管理条例等附录内容。

本书是国家"双高计划"重点建设教材、省级教学成果一等奖"基于工作过程系统化的'2332'课程开发理论与实践"核心成果。本书配有课件 PPT、素材源文件和在线开放课程，供教师和学生使用。

本书可作为应用技术型本科院校和高等职业院校机电类专业"机电设备管理"等课程的教材，也可供企业内部培训或工程技术人员自学使用。

图书在版编目（ＣＩＰ）数据

机电设备管理 / 何世松，贾颖莲主编. --北京：
北京理工大学出版社，2022.7
　　ISBN 978-7-5763-1527-1

　　Ⅰ．①机…　Ⅱ．①何… ②贾…　Ⅲ．①机电设备-设
备管理-教材　Ⅳ．①TM

中国版本图书馆 CIP 数据核字（2022）第 130207 号

出版发行 / 北京理工大学出版社有限责任公司
社　　址 / 北京市海淀区中关村南大街 5 号
邮　　编 / 100081
电　　话 / （010）68914775（总编室）
　　　　　（010）82562903（教材售后服务热线）
　　　　　（010）68944723（其他图书服务热线）
网　　址 / http：//www.bitpress.com.cn
经　　销 / 全国各地新华书店
印　　刷 / 北京广达印刷有限公司
开　　本 / 787 毫米×1092 毫米　1/16
印　　张 / 14　　　　　　　　　　　　　　　　责任编辑 / 封　雪
字　　数 / 304 千字　　　　　　　　　　　　　　文案编辑 / 封　雪
版　　次 / 2022 年 7 月第 1 版　2022 年 7 月第 1 次印刷　　责任校对 / 周瑞红
定　　价 / 74.00 元　　　　　　　　　　　　　　责任印制 / 李志强

图书出现印装质量问题，请拨打售后服务热线，本社负责调换

前 言

随着《中国制造2025》国家战略的深入推进、全球经济发展的震荡变化，调整产业结构、转变发展方式成了绝大多数企业的自觉选择。在这个过程中，淘汰旧产能、改造老设备、上马新装备都对设备管理提出了新要求。

机电设备管理是企业管理的重要内容，尤其是对制造类企业和施工类企业来说，是不可或缺的关键工作，决定着企业是否能正常运行、高效运行，对企事业单位具有重要意义。"机电设备管理"课程是机电设备技术专业、机电一体化专业等专业的核心课程，是面向设备管理员的岗位课程，主要讲授机电设备的前期管理、资产管理、使用维护、润滑管理、维修管理、升级改造、折旧回收与报废等知识和技能。

机电设备生命周期各个阶段的管理往往涉及多个部门不同的岗位。在进行教学项目设计时，以生命周期为载体、以设备类型为载体、以企业类型为载体或以职业成长阶段为载体都有其合理性。为了更好地适应机电设备管理岗位任职要求，本书以生命周期为载体设计教学项目，采用工作过程系统化理念编写，以学生职业能力培养和职业素质养成为主线进行编写。在编写过程中打破传统学科体系下以介绍设备管理知识为主的编排方式，而是将用人单位设备管理有关岗位要求融入各个项目之中。全书采用"项目导向、任务驱动"的编写方式，每个项目下包含若干典型工作任务，每个任务均详细介绍了完成该工作任务所需的知识和技能。全书包含机电设备的前期管理，机电设备的资产管理，机电设备的使用及维护，机电设备的润滑管理，机电设备的维修管理，机电设备的升级改造，机电设备的折旧、回收与报废共7大类项目，7大项目对应7个不同的岗位，每个项目后均附有若干强化训练任务，供读者巩固学习、复习检查所用。为了更好地帮助读者强化学习、扩大视野，项目1之前安排了课程导论，项目7之后安排了实用的《设备点检员》国家职业技能标准、全国设备点检管理职业技能竞赛、企业设备管理条例等附录内容。

本书由国家"双高计划"立项建设单位江西交通职业技术学院何世松教授（课程导论、项目1、附录）、贾颖莲教授（项目2、项目6）任主编，彭艳蓝（项目5、项目7）、徐露（项目4）和蔡圳南（项目3）任副主编。常州乐途通信器材有限公司总经理邢祥华、浙江钱江摩托股份有限公司仲丛伟工程师、慈溪市明业通信电子有限公司贾学斌工程师、江西佳时特数控技术有限公司总经理刘华、中国石油集团东方地球物理勘探有限责任公司装备事业部焦立强等提供了部分案例和素材。全书由何世松教授、贾颖莲教授共同统稿。囿于编者水平，书中定有不少缺点甚至错误，敬请读者批评指正，以期再版时完善。

本书是省级教学成果一等奖"基于工作过程系统化的'2332'课程开发理论与实

践"核心成果、国家"双高计划"高水平专业群机电设备技术专业"机电设备管理"核心课程建设等项目（课题）的建设（研究）成果之一，在此对项目（课题）立项支持单位谨表谢意。

序号	项目类型	项目名称	项目编号或批文
1	国家"双高计划"重点建设项目	江西交通职业技术学院高水平专业群机电设备技术专业"机电设备管理"课程	教职成函〔2019〕14号
2	江西省首批现代学徒制试点专业	机电设备技术专业重点建设教材《机电设备管理》	2020-31
3	江西省首批教师教学创新团队	江西交通职业技术学院机电设备技术专业教学团队"机电设备管理"课程建设项目	赣教职成字〔2021〕38号
4	江西省高校省级教改重点课题	新时代背景下汽车制造专业人才培养规格及课程体系的研究与实践	JXJG-18-53-4
5	教育部人才培养基地项目	教育部智能制造领域中外人文交流人才培养基地项目	人文中心函〔2020〕9号
6	江西省产教融合育人基地	江西省装备制造产业产教融合育人基地（江西交通职业技术学院）	赣府厅字〔2019〕12号
7	教育部创新实践基地	教育部-瑞士乔治费歇尔智能制造创新实践基地（江西交通职业技术学院）	项目办〔2020〕1号
8	江西省教育厅科学技术研究项目	工业机器人本体关键零部件的优化设计与虚拟仿真	GJJ214612
9	教育部SGAVE项目	教育部中德先进职业教育合作项目首批试点院校重点专业（机电设备技术专业）	教外司欧〔2022〕67号
10	江西省级虚拟仿真实训中心	交通装备设计与制造虚拟仿真实训中心重点建设课程"机电设备管理"	赣教职成字〔2020〕12号

编　者

目　录

"机电设备管理" 课程导论

为了规范机电设备管理流程、提高机电设备效率、降低机电设备故障率、提高产品服务质量，企业需要科学、合理地进行机电设备管理。"机电设备管理" 是本专科高等职业院校和应用型本科院校机电类专业的一门专业核心课程，对应的直接岗位是设备管理员，发展岗位包括设备工程师和设备经理。本课程主要培养学生按照岗位任职要求和相关规范完成机电设备的前期管理、资产管理、安全使用、润滑管理、维修管理、升级改造及回收报废等工作。

课程导论

美国对我国关键设备和技术的制裁

2020 年 5 月 12 日，美国半导体设备制造商 LAM （泛林半导体）和 AMAT （应材公司）等公司发出信函，要求中国国内从事军民融合或为军品供应集成电路的企业，不得用美国清单厂商半导体设备代工生产军用集成电路，同时 "无限追溯" 机制生效。5 月 14 日，中共中央政治局常务委员会召开会议，会议指出，要抓紧布局战略性新兴产业、未来产业，提升产业基础高级化、产业链现代化水平。要发挥新型举国体制优势，加强科技创新和技术攻关，强化关键环节、关键领域、关键产品保障能力。5 月 15 日，美国商务部发布声明称，全面限制华为购买采用美国软件和技术生产的半导体，包括那些处于美国以外，但被列为美国商务管制清单中的生产设备，要为华为和海思生产代工前，都需要获得美国政府的许可证。同时给予 120 天的缓冲期。

美国当地时间 2022 年 2 月 7 日，美国商务部工业与安全局 （BIS）宣布，将上海微电子装备 （集团）股份有限公司等 33 家中国实体加入出口管制 "未经核实名单" （Unverified List，UVL）。包括模具、光刻机、数控机床等在内的关键设备被美国列入制裁清单，意图打压我国光刻机等设备行业的发展。

以 2016 年 3 月的中兴通信 （ZTE）为开端，美国政府对中国企业的制裁措施和数量急剧扩大，一轮又一轮的制裁也倒逼中国企业不断加强自主创新。我们唯有在关键设备和关键技术上有自主知识产权，才能在新时代全球科技竞争中占得先机、获得胜利。

0.1　机电设备管理的概念

1. 机电设备

设备 （Equipment）是指生产和生活上所需的机械装置和设施等物质资料的总称，

可供有关单位和部门长期使用，并能在使用中基本保持原有的实物形态。设备广泛存在于企业和机关事业单位中（以下统称为企业），是现代企业进行生产活动的物质技术基础，也是企业生产力发展水平与企业现代化程度的主要标志，反映了农业企业、工业企业、施工企业、商业企业的机械化、自动化、智能化程度。机电设备（Electromechanical Equipment）则是指应用了机械技术和电子技术的设备。

国外设备工程学专家把设备定义为"有形固定资产的总称"，把一切列入固定资产的劳动资料如土地、建筑物（厂房、仓库等）、构筑物（码头、道路等）、机器（工作机械、运输机械等）、装置（容器、热交换器等），以及车辆、船舶、工具（夹具、模具、量具等）等都包含在其中。在我国，只把直接或间接参与改变劳动对象形态和性质的物质资料看作设备。本书主要以装备制造业和交通运输业使用的机电设备为研究对象，包括直接和间接生产机器、工艺设备、动力设备、机修设备、起重运输设备、仪器仪表、施工机械等。

常见的机电设备有机床、汽车、轮船、高铁、飞机、电梯、压路机、装载机、自动化生产线、工业机器人等，如图0-1所示。

（a）　　　　　　　　　　　　　　（b）

（c）　　　　　　　　　　　　　　（d）

图0-1　常见的机电设备

（a）挖掘机；（b）装载机；（c）数控立式转台磨床；（d）六轴工业机器人

2. 机电设备管理

机电设备管理是指以机电设备为管理对象，以提升设备综合效率、降低设备运维费用、提高设备生命周期、实现企业生产经营目标为目的，运用现代科学技术、管理理论和管理方法，对机电设备生命周期全过程（图0-2）从技术、经济、管理等方面开展的综合研究和科学管理。

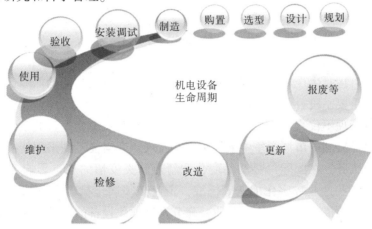

图 0-2　机电设备生命周期

一般来说，机电设备有两种形态，即实物形态和价值形态。相应地，机电设备管理也有两种方式，即机电设备的实物形态管理和机电设备的价值形态管理。机电设备的实物形态管理，是指设备从规划设计直至报废的全过程，是机电设备实物形态的运动过程；机电设备的价值形态管理，是指从价值角度研究设备价值的运动，即新设备的研制、投资及设备运行中的投资回收，运行中的损耗补偿如维修、改造的经济性评价等经济业务，其目的就是使设备的生命周期费用最经济。

因此，机电设备具有实物形态运动和价值形态运动，必须同时对两种运动形态进行管理，也就是实行机电设备综合管理，其目标是充分发挥机电设备效能和投资效益，追求在输出效能最大的条件下，机电设备的生命周期费用最经济，即机电设备的综合效率最高。

3. 机电设备管理的特点

机电设备管理工作对企业生产经营发展来说非常重要，具有与其他管理工作不同的特点。

（1）技术性。作为企事业单位的主要生产经营手段，机电设备是物化了的科学技术，是现代科技的物质载体，尤其是数字经济时代的机电设备具有更高更先进的技术性。

（2）综合性。主要表现在以下四个方面：①现代机电设备融合了多种专门技术知识，是多种科学技术的综合应用。②机电设备管理的内容是工程技术、经济财务、组织管理三者的综合。③为了获得机电设备的最佳经济效益，必须实行全过程管理，是对设备生命周期各阶段管理的综合。④机电设备管理涉及物资准备、设计制造、计划调度、劳动组织、质量控制、经济核算等多方面的业务，涵盖了企业多项业务管理的内容。

（3）随机性。许多机电设备故障具有随机性，使得机电设备维修及其管理工作也带有随机性，必须不断完善制度和技术，科学有效地进行设备管理。

（4）全员性。现代企业管理强调应用行为科学调动全体职工参与机电设备管理的积极性，实行以人为中心的设备全员维护保养。

0.2 机电设备管理的意义

机电设备管理是生产经营管理的基础工作，是企业提高效益的保障，是提高产品和服务质量的重要手段，是企业安全生产的重要保证。

机电设备管理不仅直接影响到企业当前的生产经营状况，而且关系到企业的长远发展。企业要在激烈的市场竞争中求得生存和发展，就需要不断采用新技术、开发新产品、提供新服务。在国际局势动荡变化和新冠肺炎疫情的双重影响下，面对"碳达峰、碳中和"和产业数字化加速等挑战，企业必须摆正机电设备管理在企业中的地位，善于不断地提高设备及人员素质，充分发挥现代设备的效能，为企业创造出最佳的经济效益和社会效益。

加强机电设备管理可以有效提高设备运行效率、减少设备事故率、延长设备寿命、降低设备损耗、减少维修投入，从而保证生产安全顺利运行，实现提高生产率、降低生产成本的目的。因此，机电设备管理对企业运行和发展具有重要的意义。

1. 关系到产品的产量和质量

从狭义上讲，设备管理就是要使机电设备一直处于良好的技术状态，保持正常的生产秩序与节奏，确保生产达到预定的产量和质量指标。如果机电设备在安装验收、合理使用、维护保养、计划检修、定期检查和安全运行等任何一个环节上管理不当，就会打乱正常的生产节奏，影响到产量、质量或效益等指标的完成。

产品质量是企业的生命，产品是通过机器设备生产出来的，如果生产设备技术状态不良，特别是对一些投资和运转费用十分昂贵的大中型、精密型、智能化、连续型生产设备，不论是主机，还是其中某一子系统，在运行中出现任何结构、性能等方面的不完好状态，都会影响整个企业的生产计划，导致产品质量的降低，达不到额定生产率，留下生产安全隐患，严重时还会造成巨大的事故。

2. 关系到产品的成本高低

机电设备管理对产品成本的影响，除了上述的产量和质量因素外，还包括机电设备的维修、动力、燃料和润滑油脂消耗等费用。

加强维护保养，能有效地延长机电设备的使用寿命和检修周期，节省维修费用。但维修安排过度，则会增加维修成本、影响生产进度。如何合理地确定检修周期，对于不同种类的机电设备，依使用场合、智能程度、交付周期等的不同，有着不同的确定原则。

3. 关系到安全生产和环境保护

生产生活中发生意外的设备事故，不仅会扰乱企业的生产秩序，同时也使国家和企业遭受重大的经济损失，因而在实际生产中怎样更加有效地预防设备事故、保证安全生产、减少人身伤亡，是现代机电设备管理的一大课题。

环境污染在一定程度上也是由于生产设备落后、设备管理不善造成的。加强机电设备安全管理、及时淘汰落后设备、采用技术先进的设备进行生产，可有效防止机电设备事故污染周边环境。

4. 关系到企业生产资金的合理利用

随着机电设备在生产中的地位和作用日益突出，以及现代化、智能化设备的不断发展和普遍采用，机电设备所占的资金在固定资产中的比例越来越高，工业企业一般达 40%～50%；用于备品备件和机电设备的储备资金，通常占企业全部流动资金的 15%～20%。这两项资金加在一起就约占企业全部生产资金的 60%，显然要提高企业的经济效益，就要想方设法提高资金的合理利用程度。为此，设备管理的科学化无疑是个关键环节，即机电设备经济管理环节是否达到了最佳水平。例如，设备投资回收期是否最优、设备选型是否合理、设备完好率是否理想，以及设备装备是否适应、备件库存是否合理、管理制度是否科学等。

此外，机电设备管理的经济潜力很大。有数据表明，我国设备年维修费用高达三百多亿元人民币，占设备原值的 7%～9%。若使我国的设备管理水平达到目前发达国家的水平，使年维修费用降至占设备原值的 4%～6%，每年则可节省一百多亿元人民币。

5. 关系到企业管理的水平高低

改革开放以来，我国的机电设备管理和维修工作出现了可喜的变化，取得了长足的进步。但是，与国际先进水平和国内经济发展要求相比，还相差较远，它仍然是当前工业交通生产和企业管理中的一个薄弱环节。主要表现在以下几个方面：

（1）机电设备陈旧落后的情况相当普遍。在中小型企业，设备更新速度十分缓慢，设备带病运转和失修的情况还较普遍，设备管理问题影响了企业的发展速度和发展质量。

（2）对生产与维修的辩证关系认识不足。重生产轻维修，重使用轻管理，忽视基础管理工作的倾向仍然存在，使得设备管理水平不高，直接影响了安全生产和产品质量的提高。

（3）片面地追求产值、速度和利润指标，挤掉正常生产维修和设备大修计划，设备失修、维修资金预算不足等短期行为依然存在。

（4）机电设备管理措施不落实，设备管理专业人员不足，对新设备、新技术的操作人员、维修人员的技术培训工作也未完全到位。

（5）对设备生命周期管理的认识存在差距，缺少必要的信息化手段和条件，因而还处在设备前、后半期分段管理的局面。

重视设备管理，加强设备管理，提高设备管理水平，是当前深化企业管理的需要，也是设备管理部门和设备管理人员的一项迫切任务。企业一定要落实国家颁布的《企业设备管理条例》等有关规范和要求，科学合理地管好用好各类机电设备，以更好地适应新时代国际国内双循环格局，不断提高市场竞争力和盈利水平。

0.3 机电设备管理的内容

机电设备管理工作的内容包括机电设备的前期管理、机电设备的资产管理、机电设备的使用及维护、机电设备的润滑管理、机电设备的维修管理、机电设备的升级改造及机电设备的折旧、回收与报废等。具体来说，机电设备管理工作要按照国家和上级部门关于设备管理的有关规定，贯彻设备管理各项规章制度，制订设备维修计划和做好生产设施维护保养管理工作；负责建立设备台账，对日常设备进行维修管理；制定机电设备更新、改造方案；根据企业生产实际情况，编制可行的设备维修计划，安排相关人员对设备实施维修，确保生产能力和产品质量要求；参与设备事故分析，指导生产部门、操作人员正确使用、维护管理设备，督促操作人员遵守有关生产设施的使用要求；负责建立设备技术资料档案，完善设备资料（包括图纸、说明书、合格证等）；负责对设备备件的管理，定期对操作人员进行正确使用设备的宣传指导和培训。

机电设备管理工作的具体内容见表0-1。

表0-1 机电设备管理工作的具体内容

序号	项目	具体内容
1	机电设备的前期管理	按照技术先进、经济合理、生产可行的原则，根据使用单位的实际需求，正确地规划、选购、安装和验收机电设备
2	机电设备的资产管理	依据不同的设备类型，建立健全机电设备台账，完善设备的档案，对设备状态进行科学评估
3	机电设备技术状况管理	企业一般应按设备的技术状况、维护状况和管理状况分为完好设备和非完好设备，并分别制定具体考核标准。 各部门的生产设备必须完成上级下达的技术状况指标，即考核设备的综合完好率
4	机电设备润滑管理	1）企业各设备使用部门应安排人员负责设备润滑专业技术管理和具体的润滑工作。 2）对每台设备都必须制定完善的设备润滑"五定"（定点、定质、定时、定量、定人）图表和要求，并认真执行。 3）要认真执行设备用油"三清洁"（油桶、油具、加油点），保证润滑油（脂）的清洁和油路畅通，防止堵塞。 4）对大型、特殊、专用设备用油要坚持定期分析化验制度。 5）润滑专业人员要做好设备润滑技术的推广和油品更新换代工作
5	机电设备缺陷的处理	1）设备发生缺陷时，岗位操作和维护人员能排除的应立即排除并在日志中详细记录。 2）岗位操作人员要将无法排除的设备缺陷详细记录并逐级上报，同时认真观察，注意缺陷发展。 3）对于未能及时排除的设备缺陷，必须在每天的生产调度会上研究决定如何处理。 4）在安排处理每项缺陷前，必须有相应的措施，明确专人负责，以免缺陷扩大

序号	项目	具体内容
6	机电设备运行管理	1）建立健全系统设备巡检标准 企业要依据其结构和运行方式，确定每台设备检查的部位（巡视点）、内容（检查什么）、正常运行的参数标准（允许的值），并针对设备的具体运行特点，对设备的每一个巡检点确定出明确的检查周期（如时、班、日、周、旬、月等）。 2）建立健全巡检保证体系 岗位操作人员负责对本岗位使用设备的所有巡检点进行检查，专业修理人员要负责对重点设备的巡检任务。 3）信息传递与反馈 生产岗位操作人员巡检时，如发现设备不能继续运转需紧急处理的问题，要立即通知当班调度，由值班负责人组织处理。对于一般隐患或缺陷，应检查后在相应的表格上进行记录，并按时传递给专职巡检员。专职维修人员进行设备点检后，要做好记录，除安排本组处理外，要将信息向专职巡检员传递，以便统一汇总。 专职巡检员除完成承包的巡检点任务外，还要负责将各方面的巡检结果按日汇总整理并列出当日重点问题，及时输入计算机网络系统，以便企业综合管理。 4）动态资料的应用 巡检员针对巡检中发现的设备缺陷、隐患提出应安排检修的项目，纳入检修计划。对巡检中发现的设备缺陷，必须立即处理的，由当班的生产指挥者即刻组织处理；本班无能力处理的，应由企业上级领导确定解决方案。对于重要设备的重大缺陷，由企业上级领导组织研究，确定控制方案和处理方案。 5）设备薄弱环节的管理 首先，对薄弱环节进行认定。其次，依据动态资料，列出设备薄弱环节，按时组织审理，确定当前应解决的项目，提出改进方案。最后，对设备薄弱环节采取改进措施后，要进行效果考察，提出评价意见，经有关领导审阅后，存入设备档案
7	机电设备的升级改造	为了满足产品提高质量、发展新产品、改造老产品和节约能源的需要，企业应当有计划、有重点地对现有设备进行改造和更新。这项工作包括编制改造更新规划、改造方案和新设备技术经济论证、改造更新资金，处理老旧设备等
8	设备的折旧、回收与报废	设备管理部门根据企业内部和外部有关折旧、回收与报废的规范和要求，会同有关部门编制机电设备折旧、回收与报废计划，并组织实施

0.4 机电设备管理的历程

纵观国内外机电设备管理的发展历程，大致可以分为四个阶段。

1. 事后维修阶段

资本主义工业生产刚开始时，由于设备简单、修理方便、耗时较少，一般都是在设备使用到出现故障时才进行修理，这就是事后维修制度，此时设备修理往往由设备操作人员承担。

随着工业生产的发展，结构复杂的机电设备大量投入使用，设备修理难度不断增大，技术要求也越来越高，专业性越来越强。于是，企业主便从操作人员中分离一部分人员专门从事设备修理工作。为了便于管理和提高效率，企业主将这部分人员统一组织起来，建立相应的设备维修机构，并制定适应当时生产需要的最基本的管理制度。在西方工业发达国家，这种制度一直持续到 20 世纪 30 年代，而在我国，则延续到 20 世纪 40 年代末期。

2. 设备预防维修管理阶段

由于像飞机等高度复杂机器的出现，以及社会化大生产的诞生，机器设备的完好程度对生产的影响越来越大，任何一台主要设备或一个主要生产环节出了问题，都会影响生产的全局，造成重大的经济损失。

1925 年前后，美国首先提出了预防维修的概念，对影响设备正常运行的故障，采取"预防为主""防患于未然"的措施，以降低停工损失费用和维修费用。主要做法是定期检查设备，对设备进行预防性维修，在故障尚处于萌芽状态时加以控制或采取预防措施，以避免突发事故。苏联于 20 世纪 30 年代末期开始推行设备预防维修制度，这种制度除了对设备进行定期检查和计划修理外，还强调设备的日常维修。

预防维修比事后修理有明显的优越性，预先制订检修计划，对生产计划的冲击小，采取预防为主的维修措施，可减少设备恶性事故的发生和停工损失，延长设备的使用寿命，提高设备的完好率，有利于保证产品的产量和质量。

20 世纪 50 年代初期我国引进计划预修制度，对于建立我国自己的设备管理体制、促进生产发展起到了积极的作用。经过多年实践，在"以我为主，博采众长"理念的指导下，对引进的计划预修制度进行了研究和改进，创造出具有我国特色的计划预修制度，其主要特点集中体现在以下五个方面。

（1）计划预修与事后修理相结合。

对生产中所处地位比较重要的机电设备实行计划预修；而对一般设备实行事后修理或按设备使用状况进行修理。

（2）合理确定修理周期。

机电设备的检修周期不是根据理想磨损情况确定的，而是根据各主要设备的具体情况来定。如按设备的设计水平、制造和安装质量、使用年限、条件和强度等情况确定其修理周期，使维修周期更符合实际情况，维修安排更加合理。

（3）正确采用项目修理。

通常情况下，机电设备修理有保养、小修、中修和大修几个环节，但我国不少企业采用项目修理代替设备中修，或者采用几次项目修理代替设备大修，使修理作业量更均衡，可节省修理工时、提高生产效率。

（4）修理与改造相结合。

我国多数企业往往结合设备修理对原设备进行局部改进或改装，使大修与设备改造结合起来，延长了机电设备的使用寿命，降低了设备的综合投入资金。

（5）保养维护与检修结合。

强调机电设备保养维护与检修结合，是我国设备预防维修制度的最大特色之一。设备保养与设备检修一样重要，若能及时发现和处理设备在运行中出现的异常，就能保证设备正常运行，减轻和延缓设备的磨损，延长设备的使用寿命。

20世纪60年代，我国许多先进企业在总结实行多年的计划预修制度的基础上，吸收三级保养的优点，创立了一种新的设备维修管理制度——计划保修制。其主要特点是：根据设备的结构特点和使用情况的不同，定时对设备施行规格不同的保养，并以此为基础制定设备的维修周期。这种制度突出了维护保养在设备管理与维修工作中的地位，打破了操作人员和维护人员之间分工的绝对化界限，有利于充分调动操作人员管好设备的积极性。

3. 设备系统管理阶段

随着科学技术的发展以及系统理论的普遍应用，1954年，美国通用电气公司提出了"生产维修"的概念，强调要系统地管理设备，对关键设备采取重点维护政策，以提高企业的综合经济效益。"生产维修"的主要内容有：①对维修费用低的寿命型故障，且零部件易于更换的，采用定期更换策略；②对维修费用高的偶发性故障，且零部件更换困难的，运用状态监测方法，根据实际需要，随时维修；③对维修费用十分昂贵的零部件，应考虑无维修设计，消除故障根源，避免发生故障。

20世纪60年代末期，美国企业界又提出设备管理"后勤学"的观点，它是从制造厂作为设备用户后勤支持的要求出发，强调对设备的系统管理，设备在设计阶段就必须考虑其可靠性、维修性及其必要的后勤支持。设备出厂后，要在图纸资料、技术参数、检测手段、备件供应以及人员培训等方面为用户提供良好周到的服务，以使用户达到设备寿命周期费用最经济的目标。至此，机电设备管理已从传统的维修管理转为重视先天设计和制造的系统管理，设备管理进入了一个新的阶段。

4. 设备综合管理阶段

体现设备综合管理思想的两个典型代表是"设备综合工程学"和"全员生产维修制"。

由英国1971年提出的"设备综合工程学"，以设备生命周期费用最经济为设备管理目标。对设备进行综合管理，紧紧围绕四方面内容展开工作：①以工业管理工程、运筹学、质量管理、价值工程等一系列工程技术方法，管好、用好、修好、经营好机器设备。对同等技术的设备，认真进行价格、运转、维修费用、折旧、经济寿命等方面的计算和比较，把好经济效益关。建立和健全合理的管理体制，充分发挥人员、机器和备件的效益。②研究设备的可靠性与维修性。无论是新设备设计，还是老设备改造，都必须重视设备的可靠性和维修性问题，因为提高可靠性和维修性可减少故障和维修作业时间，达到提高设备有效利用率的目的。③以设备的一生为研究和管理对象。即运用系统工程的观点，把设备规划、设计、制造、安装、调试、使用、维修、改造、折旧和报废一生的全过程作为研究和管理对象。④促进设备工作循环过程的信息反馈。设备使用部门要把有关设备的运行记录和长期经验积累所发现的缺陷，提供给维修部门和设备制造厂家，以便他们综合掌握设备的技术状况，进行必要的改造或在新设备设计时进行改进。

20世纪70年代初期，日本推行的"全员生产维修制"，是一种全效率、全系统和全员参与的设备管理和维修制度。它以设备的综合效率最高为目标，要求在生产维修过程中，自始至终做到优质高产低成本、按时交货、安全生产无公害、操作人员精神饱满。"全系统"，是对设备寿命周期实行全过程管理，从设计阶段起就要对设备的维修方法和手段予以认真考虑，既抓设备前期阶段的先天不足，又抓使用维修和改造阶段的故障分析，达到排除故障的目的。"全员参与"，是指上至企业最高领导，下到每位操作人员都参加设备维修活动。

在设备综合管理阶段，设备维修的方针是：建立以操作工点检为基础的设备维修制；实行重点设备专门管理，避免过剩维修；定期检测设备的精度指标；注意维修记录和资料的统计及分析。

0.5　机电设备管理的模式

当前，我国和很多工业发达国家一样进入了数字经济时代，机电设备管理模式也发生了很大变化。虽然如此，人工和半自动化设备管理模式、设备智能管理模式和人工智能设备管理模式等多种设备管理模式共存依然是今后一段时间的常态。下面介绍几种成熟的机电设备管理模式。

1. 全员生产维护（TPM）模式

TPM 是 Total Productive Maintenance 的缩写，意为"全员生产维护"。TPM 起源于"全员质量管理"（Total Quality Management，TQM），与全面品质管理（TQM）、精益生产（Lean Production）并称为世界级三大制造管理技术。TPM 是以提高设备综合效率为目标，以全系统的预防维修为过程，以全体人员参与为基础的设备保养和维修管理体系。TPM 于 1950 年始于美国，后流入日本，自 1971 年正式诞生。第二次世界大战后日本的设备管理大体经历了四个阶段：1950 年以前的事后修理（Breakdown Maintenance，BM）阶段；1950—1960 年的预防维修（Preventive Maintenance，PM）阶段；1960—1970 年的生产维修（Productive Maintenance，PM）阶段；1970 年至今的全员生产维护（TPM）阶段。TPM 既有对美国生产维修体制的继承，又有英国综合工程学的思想，还吸收了中国"鞍钢宪法"中工人参加、群众路线、合理化建议及劳动竞赛的做法。

TPM 强调五大要素，即 TPM 致力于设备综合效率最大化的目标；TPM 在设备一生建立彻底的预防维修体制；TPM 由各个部门共同推行；TPM 涉及每个雇员，从最高管理者到现场工人；TPM 通过动机管理，即自主的小组活动来推进。具体包括四方面含义：以追求生产系统效率（综合效率）的极限为目标，实现设备的综合管理效率即 OEE 的持续改进；从意识改变到使用各种有效的手段，构筑能防止所有灾害、不良、浪费的体系，最终构成"零"灾害、"零"不良、"零"浪费的体系；从生产部门开始实施，逐渐发展到开发、管理等所有部门；从最高领导到一线作业者，全员参与。TPM 活动就是通过全员参与，并以团队工作的方式，创建并维持优良的设备管理系统，提高设备的开机率（利用率），增进安全性及提高质量，从而全面提高生产系统的运作效率。

2. 全面生产设备管理（TPEM）模式

TPEM 是 Total Productive Equipment Management 的缩写，意为"全面生产设备管理"，是国际 TPM 协会为适应西方国家工业企业建立 TPM 管理模式的需要提出的概念（注："全面生产设备管理"已由国际 TPM 协会注册）。与较为僵硬的日本 TPM 模式相比，TPEM 模式具有较大的灵活性，更注重现实的需求，将生产设备置于优先考虑的位置，对企业文化在企业管理中的作用也给予特别的关注。TPEM 模式是一种更为实用的管理模式。借助于 TPEM 的方法，TPM 将重新调整和改变生产设备管理的结构。以 24 小时连续有效运转为最高目标的设备利用率是建立良好的固定资产及设备管理系统的关键所在。

3. 全面规范化生产维护（TnPM）模式

TnPM 是 Total normalized Productive Maintenance 的缩写，意为"全面规范化生产维护"。TnPM 体系是广州大学李葆文教授在 1998 年提出的，在吸收了日本 TPM 精髓的基础上，结合中国企业的实际情况，而形成的一套逻辑与操作指导完整的设备管理标准体系。TnPM 是以设备综合效率和完全有效生产率为目标，以全系统的预防维修系统为载体，以员工的行为规范为过程，以全员参与为基础的生产和设备维护、保养与维修体制。TnPM 是以设备为核心的生产现场管理体系，管理重心在设备，管理范围涵盖生产、质量、安全、环境、甚至员工绩效评估和激励，员工学习、培训和成长等领域。

4. 以费用为中心的维修（CCM）模式

CCM 是 Cost Centered Maintenance 的缩写，意为"以费用为中心的维修"。CCM 是利用对技术、维修和操作员工的培训和其他管理工具和方法，使收入最大化、维修费用最优化，从而达到提高企业利润目标的维修管理方式。费用包括人工费用、加班工资费用、社会健康保险费用、培训费用、推进和坚持维修质量体系费用、技术信息与文件费用、工具仪器与诊断测量装置费用、备件材料费用、维修设施费用、安全劳动保护费用、外部维修服务费用等项目。

5. 以可靠性为中心的维修（RCM）模式

RCM 是 Reliability Centered Maintenance 的缩写，意为"以可靠性为中心的维修"，是目前国际上通用的用以确定设（装）备预防性维修需求、优化维修制度的一种系统工程方法。RCM 按照以最少的资源消耗保持装备固有可靠性和安全性的原则，应用逻辑决断的方法确定装备预防性维修要求的过程或方法。RCM 和 TPM 之间的一个主要区别是 RCM 用于提高维修策略，而 TPM 则认为单靠维修并不能提高系统可靠性。由于 RCM 与 TPM 之间存在着一定的互补性，因此如何有效地将两者有机结合将成为未来维修技术的研究方向。

0.6　机电设备管理的趋势

自从人类使用机械以来，就伴随有设备的管理工作，只是当时的设备简单，管理工作单纯，仅凭操作者个人的经验行事。随着工业生产的发展、科学技术的迅速发展、机电设备技术含量的提高，机电设备在现代化大生产中的作用与影响日益扩大，加上管理科学技术的进步，机电设备管理也得到了相应的重视和发展。现代设备既是技术密集型的生产工具，也是资金密集型的社会财富，使得现代设备管理水平也随之得到进一步提高，以致逐步形成一个独立的岗位——设备管理。

纵观工农业生产、服务业运行，越来越多的机电设备投入其中，"机器换人"的步伐越来越快，机电设备在朝着大型化、小型化、精密化、高速化、复杂化、轻量化、柔性化、智能化、环保节能等方向发展，设备管理的要求越来越高。未来，机电设备管理将会朝着信息化、全员化、社会化、市场化和预知维修等方向发展。

1. 机电设备管理信息化

在现代机电设备管理中，需要用计算机网络系统对各种数据进行储存分类、统计计算和编制预算，如投资规划、生产过程监测、维护记录、故障状态、停机工时、修理费用、备件库存、设备残值等。机电设备管理的信息化以丰富、发达的全面管理信息为基础，通过先进的计算机和通信设备及网络技术设备，充分利用社会信息服务体系和信息服务业务为设备管理服务。机电设备管理系统未来的发展趋势是开发 PC 端和手机端的应用，方便随时随地查看设备运行状况、在线进行设备报修等工作。

2. 机电设备管理全员化

机电设备全员管理是以提高机电设备的使用效率为目标，建立以设备使用的全过程为对象的设备管理模式，是实行全员参与管理的一种设备管理与维修制度。

3. 机电设备管理社会化

机电设备管理的社会化是指使用社会化大生产的客观规律，按照市场经济发展的客观要求，组织设备运行各环节的专业化服务，形成全社会的设备管理服务网络，使企业设备运行过程中所需要的各种服务由自给转变为社会提供的过程。

4. 机电设备管理市场化

机电设备管理的市场化是指通过建立完善的设备要素市场，为全社会设备管理提供规范化、标准化的交易场所，以最经济合理的方式为全社会设备资源的优化配置和有效运行提供保障，促使设备管理由企业自我服务向市场提供服务转化。

5. 运用数字孪生技术实现预知维修

运用数字孪生技术实现机电设备的预知维修管理是企业设备科学管理的发展方向，为减少机电设备故障、降低机电设备维修成本、防止机电设备的意外损坏，通过状态监测技术和故障诊断技术，可以在设备正常运行的情况下进行设备整体维修和保养。

0.7 "机电设备管理" 课程学习建议

1. 课程内容

"机电设备管理"课程是国家"双高计划"重点建设课程，是基于工作过程系统化理念开发的专业核心课程，省级教学成果一等奖"基于工作过程系统化的'2332'课程开发理论与实践"核心成果。本课程主要讲授设备管理员岗位所需的知识和技能，包含机电设备的前期管理，机电设备的资产管理，机电设备的使用维护，机电设备的润滑管理，机电设备的维修管理，机电设备的升级改造，机电设备的折旧、回收与报废共 7 大类项目，每个项目后均附有若干强化训练任务，供读者巩固学习、复习检查所用。为了更好地帮助读者强化学习、扩大视野，项目 1 之前安排了课程导论，项目 7 之后安排了实用的《设备点检员》（四级/中级工）国家职业技能标准、全国设备点检管理职业技能竞赛、企业设备管理条例等附件内容，详见表 0-2。

表 0-2 本书的学习项目与任务

项目序号	项目名称	学习任务	理论学时	实践学时	合计学时
课程导论	"机电设备管理"课程导论	0.1 机电设备管理的概念 0.2 机电设备管理的意义 0.3 机电设备管理的内容 0.4 机电设备管理的历程 0.5 机电设备管理的模式 0.6 机电设备管理的趋势 0.7 "机电设备管理"课程学习建议	2	2	4
项目 1	机电设备的前期管理	1.1 机电设备规划的制订 1.2 机电设备选购和自制 1.3 机电设备安装和验收	4	4	8
项目 2	机电设备的资产管理	2.1 机电设备的分类 2.2 机电设备台账建立 2.3 机电设备档案管理 2.4 机电设备评估	4	4	8
项目 3	机电设备的使用及维护	3.1 机电设备的使用管理 3.2 机电设备的维护管理 3.3 机电设备的安全管理	4	4	8
项目 4	机电设备的润滑管理	4.1 机电设备润滑管理的组织 4.2 润滑的防漏与治漏	4	4	8
项目 5	机电设备的维修管理	5.1 机电设备维修计划的制订 5.2 机电设备维修工具与备件的管理 5.3 机电设备维修的实施与验收	6	6	12
项目 6	机电设备的升级改造	6.1 机电设备的升级 6.2 机电设备的改造 6.3 机电设备的再制造	4	4	8
项目 7	机电设备的折旧、回收与报废	7.1 机电设备的折旧 7.2 机电设备的回收 7.3 机电设备的报废	4	4	8
附录		附录 A《设备点检员》（四级/中级工）国家职业技能标准 附录 B 全国设备点检管理职业技能竞赛 附录 C 企业设备管理条例			
总计学时			32	32	64

2. 学习资料与方法

国家正在对高等职业院校进行"三教"改革，包括教师、教材、教法；相应地，高等职业院校和应用型本科院校需要进行"三学"改革，包括学生、学习资料、学习方法。

（1）学生。

按照国家高考制度和有关录取规则，进入高等职业院校和应用型本科院校的学生已具有一定的学习基础，但生源素质参差不齐、高考分数相差较大、学习习惯各不相同。因此，对学校来说，要有针对性地进行分班、分专业测试并安排专门辅导；对学生来说，要正视差距、找出不足，通过自身努力迎头赶上，尤其要充分利用课外时间夯实基础、扩大视野，认真学好专业知识和技能，为今后就业或创业打下坚实的基础。

（2）学习资料。

本课程除配有资源丰富的《机电设备管理》教材外，还建有精品在线开放课程（https://www.xuetangx.com/course/jxjtxy46021006801/12291318 或 http://mooc1-1.chaoxing.com/course/220422637.html)，学习者可充分利用课程网站或 App 所提供的视频、动画、PPT、习题、仿真等资源，系统学习本课程涉及的机电设备管理知识和技能。

另外，要特别关注设备管理有关标准、规范和制度的学习。如国家质量监督检验检疫总局、国家标准化管理委员会 2016 年 10 月 13 日发布的国家标准《资产管理—管理体系—要求》（GB/T 33173—2016），该标准等同采用 ISO 55001：2014《资产管理—管理体系—要求》，于 2017 年 5 月 1 日开始实施。

（3）学习方法。

"机电设备管理"是一门兼具理论与实践的课程，除了课堂教学外，要多到设备现场学习。要充分利用本课程建设的在线开放课程，加强课前预习和课后复习。要结合现有课程资源和教材资源，通过网络、图书馆等方式查阅不同类型企事业单位的设备管理案例，扩大机电设备管理视野。另外，可结合有关设备管理软件（PC 端和手机端均可）的使用促进设备管理理论的学习。

3. 《设备管理体系—要求》内容介绍

学习贯彻设备管理有关标准、规范，对从事设备管理工作有着重大意义。下面简要介绍一下《设备管理体系—要求》的有关内容。

成都华标企业管理咨询有限公司、设备管理评价中心 2020 年 4 月 27 日发布了 2020 版设备管理体系标准《设备管理体系—要求》（PMS /T1—2020），设备管理体系标准（PMS）是 ISO 55001：2014《资产管理体系》（GB/T 33173—2016《资产管理管理体系要求》）、ISO 41001：2018《设施管理管理体系要求及使用指南》在设施设备管理方面更具体的标准（或指南）。

该标准不是取代企业原有标准而新建立一套体系，而是在企业现有体系内就设备专业管理进行按需完善与补充，对现有设备管理进行优化和改进，旨在为企业设备管理体系更健全、更实用、更规范提供指南，通过企业有效实施，以保障生产及服务所用设备安全、稳定、经济运行，并满足相关方对设备的要求。夯实企业设备基础管理，促进企业提高设备管理的能力和水平。

该标准自 2012 年发布以来，共经历了 6 个版本。《设备管理体系—要求》（PMS/T1—2020）共 10 章，并包含 4 个资料性附录，下面是该标准的部分内容。

（1）设备管理的目的。

为实现企业战略目标，满足客户和相关方要求，策划、建立并实施保持设备管理体系，为企业（产品）生产或运营服务，确保设备安全、稳定、经济运行，实现设备资产价值最大化。

（2）设备目标管理。

设备目标和指标设定时应围绕企业战略目标，有助于实现设备管理的预期结果。为实现设备管理目标，需明确实现目标的措施，并提供实现目标所需的必要资源。目标管理需按照企业指标管理要求，将设备管理指标量化并形成文件，分类管理，指标宣贯、传达到应知指标信息的人员；应建立设备指标管理制度，明确设备指标管理的职责、数据填报责任人、数据记录表单、数据采集时间、汇总统计、指标计算、报送流程、分析和评价，记录数据或指标异常处置程序、报告、改进，以及指标评价与考核等；制度应涵盖目标达成的正激励、负激励规则；应明确指标的统计口径及计算方法，如指标名称、指标值（动态的）、计算公式、统计周期、数据来源、统计单位及岗位、触发值、指标特征（区间型、上升型、下降型）、用途（观察性指标或考核指标）；宜建立数据库，将指标统计自动图表化（含信息化/智能系统内的），通过对设备管理指标实现情况进行监控及趋势分析，当关键指标波动趋势出现异常时，应分析并采取改善措施；应将当前指标与分析的结果结合现场调查改进完善建议，及时传递给应知信息的人员，并在下一周期中对比分析验证；应每年评审指标的适宜性，视需调整指标或对指标值进行动态修订，以保证所选指标符合企业管理的实际需要且合理，以引导企业设备管理的持续改进。

（3）培训管理。

为确保设备管理、技术和操作、维护维修人员具备岗位所需的能力，企业宜开展以下培训方面的工作。

1）识别必备能力。

企业应识别、确定设备管理、技术、操作、维护维修等人员在相关岗位应具备的设备方面的知识和能力，宜建立岗位技能培训矩阵，倡导师徒培养计划；培训的需求管理宜采用访谈法、问卷调查法、观察法、关键事件法、绩效分析法、经验判断法、头脑风暴法、专项测评法和胜任能力分析法展开。

2）培训需求与计划。

应根据岗位人员履行职责的实际需求及实现企业战略目标的需要，识别设备管理培训需求；视需进行岗位技能测评、技能鉴定，编制培训计划，突出操作技能，应避免出现培训冗余或不足的现象；对法规、行业或企业内部有资质要求的设备相关岗位，应明确列出具备上岗资格所需的培训科目或条件，选用或编制培训教材，或委托外部专业机构或老师提供培训；确保员工工作岗位变动时得到及时培训；设备技术改造或变更后，应视需更新技术标准和培训课程，对岗位人员重新培训。

3）培训设施管理。

设备专业管理的训练，宜采用理论与实操或模拟训练相结合的方式；对于设备管理的法律法规、政策性的文件、企业设备管理制度，宜采用课堂讲授、文件传阅、试题测试的方法，此部分可以有相应的教室或适合的场地；对于实操或模拟训练，企业宜建立技能训练室（或培训技能道场），按需设置训练所需设施和器具，如螺钉螺母、液压、气动、润滑、传动、油压、电控、机器人、振动监测、焊接、带压堵漏、常用工器具、检维修劳保用品等训练功能模块；常见的零部件拆装部分，可通过废弃部件、报废设备变废为宝、再利用的方式作为训练器材；部分专业的训练设施，企业亦可和专门的功能元器件销售商衔接，构建流动培训基地。

4）培训实施与验证。

在培训前，企业应配备好培训所需资源，如费用、老师、场地、教材、培训器材以及时间安排等；按培训计划，组织落实培训；培训效果验证，可采用笔试、在线答题、演示、现场实操、获证、在外部学习后回企业讲课等方法；若企业管理的部分业务外包，应视需对承包商做好入场（厂）培训及在职培训。

5）企业内宜建立专职或兼职的内部设备培训师资队伍，配备培训场所和培训设施等资源。宜建立能调动内部培训师有意愿传授知识、分享经验的激励制度。

（4）文档管理。

1）企业的外来文件、设备管理标准、设备技术标准及记录等成文信息，应按ISO 9001：2015 "7.5 成文信息" 的要求进行管理。

2）设备管理标准（制度）。企业应通过设备管理策划输出并确定本企业设备管理所需的管理制度（或程序、规定、办法、细则），应建立设备管理标准（制度）的清单，以方便查阅及文档管理；企业的设备管理制度应与企业的相关体系文件内容协调、不冲突；为促进企业设备管理制度宣贯的有效性，宜从设备管理制度中提取关键要求作为测试题，组织应熟悉制度的管理人员进行测试，以促进管理人员熟悉应知的制度；为便于设备管理职责分配和设备管理检查或评价，企业宜以表格的方式，明确设备管理相关部门与本标准条款之间的对应关系，建立责任矩阵表。

3）设备技术标准（专业标准、作业规范、规程或指南）。企业宜根据设备重要度分级管理，确定不同设备所需的设备技术标准，并规范技术标准的格式，建立技术标准清单以方便查阅及文档管理。

4）设备岗位工作标准。企业宜建立与设备有关岗位的工作标准，岗位工作标准宜包括与设备有关的工作职责、知识与技能要求（应知应会）。岗位工作标准，可用岗位说明书等方式体现。

5）外来文件。企业宜识别、获取适用于本企业设备管理的外来文件，如法律法规、国际标准、国家标准、行业标准、地标、企标、设备厂商、专业机构等来自企业外部的成文信息，建立外来文件管理清单并进行管理，及时传达至权责人员，及时更新并使用最新版本；对适用有效的法规、标准、规范，宜按需融合到企业设备管理制度和技术标准，加以落实，并检查对适用法律、法规的遵守情况，确保合规、执行有效。

6）技术档案、台账、数据库（设备技术参数、运行数据、事故缺陷等基础信息）。设备技术档案有设备使用说明书、配件手册、维修手册、图纸、出厂验收随机技术资料等。

7）设备数据管理。宜做好设备寿命周期的数据管理（如设备基础数据库、运行维护数据库、故障案例库、维修数据库等），有针对性地对设备管理和技术数据进行收集、存储、处理、合理配置和利用，并做好数据安全管理（防泄露、篡改、入侵、数据被盗用等），确保企业设备方面数据的可用性、完整性、保密性。

8）结合企业信息技术管理实践，编制可行的设备程序备份管理制度。适用时，应对用于设备自动化和控制等的软件程序，进行数据备份和维护，并按既定的周期进行检查，以确保软件程序符合预期用途。

（5）设备管理检查与评价。

企业为确保设备运行维护期间管理的有效性，应组织开展设备管理检查，并遵循以下要求。

设备使用部门应做好定期自主检查，根据检查的结果视需考核，应有检查/考核记录。设备使用部门自主检查的频次，应大于设备管理部门监督检查的频次。设备管理等部门应做好定期监督检查，视需建立设备检查小组执行检查，对监督检查中发现的问题应通报、督促整改，根据检查、整改的结果视需考核，应有检查/考核记录。企业高层领导宜督促设备管理部门落实设备监督检查、设备使用部门做好自主检查。

应建立设备检查管理制度，形成"策划、实施、问题处理、评价改进"的设备检查闭环。应建立设备检查标准，检查标准宜配分量化。宜编制设备检查计划，计划内容宜涵盖检查的单位、项目、时间、人员、执行进度等要素。

根据设备检查标准及各种工艺质量、安全、设备技术标准文件，按计划既定周期实施检查。对设备检查问题进行分类管理，如设备作业规范问题、设备管理问题、设备缺陷问题、设备配套不足问题、环境影响问题等。

对检查计划、检查任务完成情况、检查问题及整改完成情况、奖罚情况，应列出明细清单，分部门、分类统计，定期公示。对设备检查发现的严重隐患和重复性问题，设备管理部门应组织相关人员讨论，制定对策，必要时对设备进行技术改造、升级更新、淘汰。

设备管理评价通常分为企业内部评价和第三方评价，这里就不再展开了，读者可自行查阅《设备管理体系—要求》有关内容。

项目 1　机电设备的前期管理

古人云："工欲善其事，必先利其器。"亦云："君若利其器，首当顺其治。"要想制造高技术的产品、建造高水平的建筑、提供高质量的服务，必须有相应的机电设备作为保障，并管理、维护、使用好这些机电设备。以投产为界，机电设备管理分为前期管理和后期管理两个阶段。

机电设备前期管理又称机电设备规划工程，是指对设备前期的各个环节（包括技术和经济）的全面管理，从制定机电设备规划方案起始到机电设备投产为止这一阶段全部活动的管理工作，包括机电设备的规划决策、外购设备的选型采购和自制设备的设计制造、设备的安装调试和设备使用的初期管理四个环节。其主要研究内容包括机电设备规划方案的调研、制定、论证和决策；设备货源调查及市场情报的搜集、整理与分析；设备投资计划及费用预算的编制与实施程序的确定；自制设备的设计方案的选择和制造；外购设备的选型、订货及合同管理；设备的开箱检查、安装、调试运转、验收与投产使用，设备初期使用的分析、评价和信息反馈等。做好机电设备的前期管理工作，为进行机电设备投产后的使用、维修、更新改造等管理工作奠定了基础，创造了条件。

设备前期管理涵盖外购设备的管理和自制设备的管理。外购设备的前期管理主要包括选型采购、安装调试、验收等；自制设备的前期管理主要包括调查研究、规划设计、制造等。

知识拓展

设施设备安装与验收带来的隐患

2015 年 4 月 6 日晚 19 时左右，位于福建漳州的古雷 PX 项目突然发生爆炸，这是该项目两年内第二次发生爆炸。2015 年 4 月 22 日，国新办举行新闻发布会，国家安监总局介绍《国务院办公厅关于加强安全生产监管执法的通知》有关情况。国家安监总局新闻发言人黄毅在回应福建 PX 项目爆炸调查情况时指出，这起事故已经定性为责任事故，暴露出在安全管理上存在的严重问题，对这起事故要依法依规进行严肃处理。经过分析，这起事故暴露出在设施设备安全管理上存在的严重问题。

一是企业的主要负责人重效益、轻安全，在工程建设、设备设施选用上采取了最低价投标的招标方式，所以埋下了重大的隐患，这起事故就是由于二甲苯装置在运行过程当中输料管焊口由于焊接不实而断裂，泄漏出来的物料被吸入炉膛，因高温导致燃爆。所以设施的安装过程当中就存在重大隐患。

二是装置的规划布局不合理、不科学，加热炉跟储罐罐区距离太近，没有考虑到它们之间的风险，加热炉发生爆炸之后，冲击波直接把最近的一个大罐撕裂了，点燃了罐中的物料，引起着火。

三是企业的安全管理与地方政府部门的安全监管都存在不到位的问题。所以对这起事故要依法依规进行严肃的处理，不管涉及哪一个人、哪一个部门、哪一个单位都要严肃处理。为了深刻吸取这次事故的教训，防止同类型事故的发生，安监总局近期组织了四个检查组，对我国目前现有的 PX 生产企业进行全覆盖的检查抽查。

PX 是 Para-Xylene 的缩写，中文学名"对二甲苯"，常温下是具有芳香味的无色透明液体，不溶于水。PX 与我们日常生活的关系很密切，我们穿的、用的，甚至吃的药里面都有 PX 成分。PX 虽然不是高危、高毒的化学物质，但是它具有易燃易爆的化学属性，所以 PX 项目的规划、设计、建设、试运行以及生产的过程当中都要严格加强管理，只有这样才能保证安全生产。

1.1　机电设备规划的制定

不管是新成立的企业还是运行中的企业，都需要制定机电设备规划，而后者往往忽视这项工作。随着时间的变化，企业运行各环节的状态都有可能改变。例如：人员可能变动，操作和管理水平可能变化；物质条件也可能调整，会出现原材料、工具、备件、环境设施与设备功能的不协调；可能发生资金短缺、财务紊乱和市场干扰等情况；还可能需要产品改型或者全部转产，改变材料、工艺、产品性能和结构等。这些都是在企业创业初期难以预料或不可能预料到的。再如，由于市场商品经济的激烈竞争，许多企业为了生存和发展，不得不放弃市场滞销产品的生产，而投入具有市场竞争力产品的生产，这样对它的设备系统就必须做出相应的调整和改造，甚至可能要完全更新替换。因此，机电设备规划是企业经济管理的一项经常性的工作，仅在一个生产循环中可以认为它是初始阶段，而在整个不断反复循环的再生产过程中，设备规划是贯穿于企业管理始终的。

1.1.1　机电设备规划的主要内容

机电设备规划主要包括企业新增设备规划和企业现有设备的更新改造规划两大部分，方式包括采购和租赁两大类。

对于设备规划来说，起决定性作用的因素是企业的经营目标：在多长的时间内，以多大的规模，用什么工艺过程，生产什么样的产品，获取多少利润。简单来说，这些因素就是产品的生产目标和企业的利润目标。这里既包括了它们的绝对量（产量、产值、利润等），也包括了它们的相对量（生产率、资金利润率、营收增长率等），并以此为依据去决定设备的技术方案（工艺方法、设备种类、型号、数量、可靠性、维修方式、改造和更新方案等），以及设备的经济方案（投资、折旧、经济寿命、更新决策等）。

由于影响机电设备状况的因素很多，一般来说，任何一个企业都不会只有唯一的设备方案，因此，在设备规划阶段应进行各种方案的技术经济评比，择其最优者而实施。调查研究、方案起草、方案评审及优化、方案决策和实施，以及在实施中继续修改和完善方案，这是设备规划的一般过程。反映这一过程的文件是设备方案的可行性研究报告，它是整个企业投资项目可行性研究的一个重要组成部分。

1. 编制机电设备规划的依据

编制机电设备规划的依据主要包括生产经营发展的要求、设备的技术状况、国家政策的要求、国家劳动安全和环境保护法规的要求、国内外新型设备发展和科技信息、可筹集用于设备投资的资金等方面。

2. 机电设备规划的编制程序

机电设备规划的编制，应在分管设备副总经理或总工程师领导下，由总师办或设备规划部门负责，自上而下地进行。机电设备规划的编制程序如图 1-1 所示。

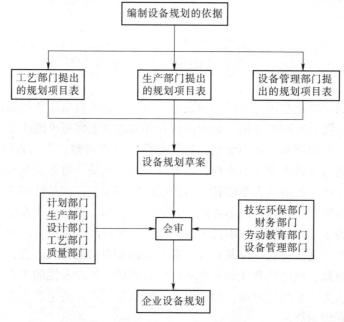

图 1-1　机电设备规划的编制程序

1.1.2　制定机电设备规划的原则

现代企业一般都是运用 SWOT 分析法，基于 SMART 原则进行机电设备规划编制。

1. SWOT 分析法

SWOT（S = Strengths、W = Weaknesses、O = Opportunities、T = Threats）分析法，即基于内外部竞争环境和竞争条件下的态势分析，将与机电设备管理密切相关的各种主要内部优势、劣势和外部的机会和威胁等，通过调查列举出来，并依照矩阵形式排列，然后用系统分析的思想，把各种因素相互匹配起来加以分析，从中得出一系列相应的结论，帮助做好设备规划。

2. SMART 原则

SMART（S = Specific、M = Measurable、A = Attainable、R = Relevant、T = Time - bound）原则，是为了利于员工更加明确高效地工作，更是为了管理者将来对员工实施绩效考核提供考核目标和考核标准，使考核更加科学化、规范化，更能保证考核的公正、公开与公平。

机电设备的采购、自制、维修、报废等规划，都应按照 SMART 原则进行编制，以适合本企业的实际需求和未来发展，最大限度地达成设备管理科学、有效、经济、够用等目标。

1.1.3 制定机电设备规划的步骤

为了科学合理地制订机电设备规划，一般需要经历以下步骤：一是进行机电设备现状及需求的详细分析；二是对机电设备投资进行科学合理的预测；三是进行机电设备规划的可行性研究；四是起草机电设备规划文本；五是征求上级部门、公司内部、客户等群体的修改意见；六是完成机电设备规划的呈报审批；七是组织实施并适时修改完善，按有关规定考核评价。

1.2　机电设备选购和自制

机电设备选购或自制是企业设备管理的一个重要环节，企业需要根据自身技术实力、经济实力决定是否国内采购、国外进口或自制。机电设备选购和自制是对企业所需的设备进行品种、型号和规格的采购或制造，是一项技术经济性质的系统工程。

1.2.1 机电设备的选购

不管是选购国产机电设备还是进口国外机电设备，除按照有关要求进行选型、招投标、签合同外，一般还应考虑以下问题。

1. 机电设备选购的一般考虑因素

机电设备选购的主要依据是企业生产产品的工艺要求，重点要考虑设备的使用性能、经济性、可维修性和可靠性等。

（1）设备的使用性能。

机电设备的使用性能包括产品生产工艺的技术要求，设备的生产效率，设备的操作性，与其他系统的配套性、灵活性，以及对环境的污染情况等。

（2）设备的经济性。

不论是新建企业还是运行中的企业，在选购机电设备时都要考虑设备的成本，既要使设备的购置费用不高，又要使设备的维修费较为节省。任何设备都要消耗能量，在"碳达峰、碳中和"背景下尤其要注意选购能源消耗较少的设备；同时也要考虑是否能节省劳动力，设备的自然寿命（即耐用性）是否满足生产要求。

（3）设备的维修性。

机电设备维修的难易程度与便利程度用维修性表示。一般来说，设计合理、结构简单、零部件组装合理的机电设备，维修时零部件易拆易装，故障排除方便，零件的通用性、标准性及互换性好，维修性就好。

（4）设备的可靠性。

机电设备的可靠性，是指机电设备性能在生产过程中的稳定性程度，或者说在一定时间内不发生故障的程度。从广义来说，机电设备的可靠性包括机器设备的精度、准确度的保持性、零件的耐用性、执行功能的可靠程度、操作安全性等。机电设备的可靠性包括固有可靠性和使用可靠性。当固有可靠性提高时，提高使用可靠性就比较容易；而当固有可靠性低时，要提高使用可靠性就十分困难。因此，从根本上讲，要防止故障的发生，最有效的对策就是重视设备固有可靠性的形成，即重视设备的设计、制造、安装和调试各个环节。

2. 机电设备选购与企业远景开发的关系

对企业而言，产品可能随着市场的变化在品种、性质、数量上发生改变，因此必须根据企业的目前需求和近期的、远期的发展战略，使设备选型与企业现况以及远景开发结合起来。企业的远景开发指的是企业根据自身的设备、人员、资金和环境条件，在生产和经营上将要采取的技术经济措施，以进一步提高企业的能力，来适应未来组织生产的特点，创造更多的企业利润。这些技术经济措施中最常见的有：①增加产品的品种以形成产品系列；②调整当前的产品结构使之更适应市场的需求；③改变企业经营方式，如联合、合并、分营或转让。

从科技发展和社会进步的规律看，今后企业生产会呈现明显的四大特点：①产品的研发周期越来越短；②生产工艺更新越来越快；③用户对产品的个性化要求越来越多；④对环境保护的要求越来越高。因此，对生产这些产品的机电设备来说，其选购自然需要考虑企业长远发展的要求。在设备选型和购置的过程中，对于价格昂贵、高精度、高技术含量的关键设备，必须通过技术经济分析和评价，在多种设备方案中进行优选，从而确定最佳设备方案，以免设备投资失误，造成不必要的资产损失。

3. 选购进口机电设备的注意事项

为了选购精度更高、功能更多、性能更稳、质量更好的机电设备，企业常常需要从国外进口有关机电设备。多年的进口经验发现，进口设备管理工作中仍存在一些问题，比如：有些企业及其主管部门忽视进口设备的前期管理，盲目贪大求洋，购进之后利用率低，经济效益不佳；一些进口的数控机床、加工中心等高精生产设备，因为缺乏必需的备品配件、润滑油品，影响生产正常进行；不少企业维修技术能力不足，不能适应维修高级、精密设备的技术要求。因此，在选购进口设备时还应注意配套性等方面的问题。

（1）配套性。

机电设备整体引进的配套性，指的是设备系统与企业环境的协调性；机电设备部分引进的配套性，还存在它在设备子系统内部的协调性。除了设备之间的配套关系之外，还要考虑引进设备与原料、能源、人员和使用环境的配套。当配套条件不能满足时，引进设备的效能便会降低，甚至发挥不了其应有的作用。

从国外引进机电设备，是迅速改善和提高我国企业物质技术基础和装备水平的重要途径。设备引进可分部分设备引进和设备系统的整体引进两种形式。部分设备引进是企业经常发生的现象；当本国无力进行配套或由于本国自己提供配套在经济上反而不划算时，就必须考虑设备系统的整体引进。

（2）维修条件。

当引进的机电设备出现故障需要进行维修是一件十分慎重的大事，尤其是那些高精尖设备。由于我国维修体制与国外不尽相同，这就造成了引进设备维修的特殊性。在工业发达国家，普遍设有制造厂家开办的维修中心。各种关键的、大型的、复杂的、精密的机电设备，均由这种维修中心根据设备诊断的信息安排修理。这样的售后服务系统，不可能随着设备的引进而带到我国来。因此，为了保证引进设备有良好的维修条件，设备规划时就要考虑好以下几个问题：①详细了解引进设备生产厂家有关设备的设计、使用、维修和管理要求，如设备功能、寿命周期、安装条件、润滑事项、维修工具、使用环境、操作人员等。②易损件和备用件的图纸、技术资料及供应情况。不少引进设备的国家、生产厂家以配件供应和设备修理为手段，欲达到控制我国企业生产经营活动的目的，这个问题尤其要引起重视。③引进设备的国外贷款条件，包括总额、利率、偿付形式、偿还期、引进设备的贷款合同、技术援助合同等。④与引进设备有关的人员培训问题。

（3）运输、安装与验收。

引进设备的运输和安装必须严格依照提供设备一方的条件进行，在重人非天灾人祸情况下发生的设备损坏、零部件和配件丢失、贻误工期以及其他不能正常履行设备引进合同的现象，均应按合同追究责任。企业要对引进的机电设备实施严格验收，如发现有整机功能缺陷、零部件损坏、误装、少装以及贻误工期等情节，可即时采取索赔等措施。

（4）涉外法规。

企业为引进国外机电设备所做的准备工作中，还应包括让有关的决策人员和工作人员了解涉外经济法规，这也是机电设备管理工作中应当引起重视的问题。

根据企业机电设备投资规划，企业需要采购国外有关设备，设备采购部门要按国外设备情况，进行市场货源调查，向设备制造商和设备经销商询价和了解供货情况，对收集到的各种报价和供货情况进行评价比较，从中选择几家较有可能购买的厂商，与其进行较为详细的磋商，最后按照法定的采购流程确定一家厂商签订订货合同。

（5）国家安全。

随着新冠肺炎疫情COVID-19的大流行和国际社会的动荡变化，当前国际格局和国际体系正在发生深刻变化，全球治理体系正在发生深刻变革，国际力量对比正在发生近代以来最具革命性的变化，世界范围呈现出影响人类历史进程和趋向的重大态势。面对不断深入演进的多极化趋势，特别是国际混乱失序因素明显增多、不确定性和风险性持续攀升的全球环境，世界主要战略力量纷纷重新规划自身定位、资源条件、内外战略，力求更好地因应变局、维护利益、确保安全，在日益显现的多极格局中抢占比较有利的国际地位。出于国家安全和对外制裁等原因，很多国家严禁出口高端机电设备；反过来，我国在进口各类机电设备时也应考虑是否影响国家安全和企业安全。

1.2.2 机电设备的自制

为了适应企业的高质量发展，当无法在市场上选购到满足使用要求的机电设备时，就要考虑利用企业现有技术自制机电设备，这是企业挖潜革新，发挥自身技术优势，提高经济效益和市场竞争力的自选路径。

1. 自制设备要考虑的问题

企业为了适应市场竞争的需要，往往要自行设计制造一些高效专用设备及非标设备，这是企业发挥设备技术优势，争取时间获得经济效益的有效途径。在自制设备的过程中，有些零部件也需要按照有关要求进行招投标采购。对自身研制能力有限的企业来说，可以和技术水平更高的设备供应商协同研发，并在合同中明确知识产权归属等问题。

2. 自制设备管理的内容

自制设备管理的内容包括自制设备规划及费用预算；编制设备设计任务书；审查设计方案；样机设计、试制与鉴定；验收移交；费用核算；技术资料归档；总结评价与信息反馈；改良改进等。对于联合研制的设备，还需要协作方参与上述有关工作环节。

3. 自制设备设计时应考虑的因素

企业有关部门对自制设备的规划、设计和制造过程，要严格把关并积极参与，以确保自制设备的质量和性能达到企业生产工艺的规定要求，并尽量降低制造成本，以取得最佳的经济效益。在自制设备设计过程中，企业要充分考虑以下五个方面的因素：

（1）提高零部件标准化、系列化、通用化水平。

（2）使用新技术、新材料、新工艺，以提高零部件的耐用性和可靠性。

（3）提高设备结构的维修性能和搬迁性能。

（4）注意使用状态监测、故障报警和安全保护措施。

（5）尽量减少机电设备日常保养工作量。

1.3 机电设备安装和验收

不管是选购设备还是自制设备，都需要完成安装和验收之后才能正式投入使用。企业外购或自制的设备，在生产过程中都应有必要的空间位置，才能实现它们各自的基本功能和设备系统的整体功能。把机电设备固定在一定的空间位置的过程，称作安装。安装是机电设备管理工程中的一个组成部分，安装也是机电设备寿命周期中的一个阶段，其时间进程体现为安装工期，其经济支出表现为安装费用。安装工期和安装费用也是机电设备寿命周期优化设计、优化决策的一个重要因素。

要取得机电设备在空间的精确位置，安装过程涉及具体的技术问题。正确地选择和实施安装技术，是机电设备性能能得到可靠发挥的前提，是机电设备技术管理的一部分。此外，安装的效果如何，要通过设备的试运转来验证。设备试运转包括单机的试运转和设备系统的试运转，可以在无负荷和有负荷两种情况下分别进行。安装效果的最终评判依据，是生产的产品质量和生产效率。通过验收之后的机电设备就可以投入生产使用。

1.3.1 机电设备安装

在机电设备安装前，企业要先行完成内部的生产布局、确认安装精度、按要求打好地基、做好水电气准备，然后依次完成开箱检查、基础设备安装和其他设备安装。

1. 企业内部的生产布局

对于非流程式工艺过程的三种不同生产组织形式，其设备的安装布局可分为三种形式。

（1）机群式。

依照机电设备的品种、类型分区排列安装，集中调配使用。其特点是以通用性设备为主，对于产品变化的适应性强，但平时设备的功能余裕能力难以全部发挥。按机群式进行安装，有利于生产中的原料、半成品和在制品的管理，有利于通用性的工夹量具和辅具的调剂安排。这种安装形式对于组织单件、小批量生产是适应的。但它要求有技术熟练的操作人员，比较熟悉设备的技术特点，才能很好地开发设备潜力。

（2）流水线或自动流水线。

按照产品工艺或工艺过程的顺序排列安装设备，以加强工序间的衔接关系，减少运输过程，消除工序间的在制品积压，这种安装布局适应于大批量生产。因为流水线和自动流水线采用生产效率较高的专用设备，其性能得到了充分发挥。流水线生产形式，意味着加工对象在工序间的停留时间短，所以机械设备间的配置非常紧凑，不必留有较大的堆放制品的空间。同时，需要对劳动力进行较强的专门化训练，要有一批熟知整个工艺过程的管理人员和调整工，以确保流水线中各个设备环节按统一的生产节奏运转。

（3）可变流水线与机群混合式。

这是介于前两种安装布局之间的形式，兼有机群式和流水线的特点。在成批生产中，产品的品种、数量可以变化，但工艺过程的差异不大。这时可根据被加工对象的共性，如零件加工面的几何特征相同、准确度和表面粗糙度相似、机械物理性能相近等条件，发挥工艺过程典型化的优势安排成组加工，以扩大批量。工艺过程典型化强的工序采用专用设备，工艺过程差异大的工序则采用通用设备。在设备布局上，形成半流水式与机群式的混合。所以，它对劳动力的需求，有些要求专业性要强些，有些要求专业面要广博些。

在企业进行生产时，由原料、辅料、能源等组成物资流。非流水式的生产组织方式，物资流量不均的现象较大。安装设备时，要预测最大的物资流量，并以此来设计企业内部特别是生产车间的道路布局。合理的道路布局取决于合理的设备安装。尤其是对于产品变化较多的单件小批生产和成批生产的形式，企业规划人员在安装设备时要有远见，根据企业的近期和远期发展战略，最佳地考虑设备、道路和起重运输设施的组合。

另外，在对企业内部生产力布局问题的考虑上，事先应估计到企业改造的前景，设备安装应留有今后调整的余地。

2. 安装精度的确认

机电设备安装的目的，就是要确保设备在空间位置的准确性。机电设备安装位置不正确，不仅会使与之相联接的其他设备错位，而且会在运转过程中产生附加载荷，导致振动、噪声、卡死或破坏等，因此，机电设备安装前要确认安装精度要求和正确的安装位置。

正确的安装位置，由机电设备或其单独部件的中心线、水平线和标高来体现。在允许的安装偏差内进行安装，才不会影响机电设备的安全和连续运转，不会影响生产率和设备的使用寿命。在机电设备安装过程中，对中心线、水平线和标高偏差进行的调整，分别称为找正、找平和找标高，这就是安装准确度的三要素。

（1）找正。

安装时要找正机电设备中心线，机械上的主轴、轴承孔等精加工面都可以取作中心线的依据。

（2）找平。

调整机电设备安装后的水平度，其重要性大于找正。因为相对于水平面的倾斜会直接影响设备的稳定和重心平衡。具有回转运动的机械会由于倾斜产生因惯性力而造成的振动，还会使润滑条件恶化，以及由于附加载荷而导致设备过度磨损，使得生产质量和准确度降低。

（3）找标高。

标高就是安装的基准点到所测表面（或线）的高度，一般直接测定基准点到设备标高测定面（线）的距离来检验。重型机电设备安装后，在运转过程中可能会发生沉陷。新设备在运行一个阶段后，要定期检测各观测点标高的变化。过量的沉陷或沉陷不均，可能导致严重事故。所以，必要时需将机电设备解体后重新安装。

3. 开箱检查的内容

机电设备在安装前，要仔细检查包装箱内物品规格、数量等情况。

（1）检查箱号、箱数及外包装情况。

（2）按照装箱单清点核对设备型号、规格、零件、部件、工具、附件、备件以及说明书等技术资料是否齐全、有无缺损。

（3）检查机电设备在运输过程中有无锈蚀、损坏。

（4）凡未清洗过的滑动面严禁移动，以防研损。清除防锈油时最好使用非金属刮具，以防产生新损伤。

（5）不需安装的备品、备件、工具等应注意妥善保管，安装完工后一并移交给设备使用单位。

（6）检查核对设备的基础图和电气线路图与设备实际情况是否相符，检查基础安装部分的地脚螺栓孔等有关安装尺寸和安装零件是否符合要求，检查电源接线口的位置及有关参数是否与说明书一致。

（7）检查完成后做出详细检查记录，作为设备原始资料入档。对设备严重破损、锈蚀等情况，可采用拍照或图示方式说明，以备查询，也可作为向有关单位索赔时交涉的依据。

4. 基础设备的安装

（1）在制订工厂布置计划时，可根据机电设备厂家指定的图纸进行计划，按照该图纸进行施工。一般确认施工结果的工作可由提供设备的厂家自己进行，为了稳妥起见，工厂布置负责人员往往也要一起参加。

（2）在基础设备即将安装之前，由于特殊情况在基础螺栓等位置尚未确定的情况下要决定其位置，这种情况下一般是由工厂布置负责人和提供设备的厂家共同来决定其位置。

5. 顶部设备的安装

顶部安装的对象包括高架式输送机等设备。顶部安装的设备，在建筑设计阶段就要研究安装位置并决定托架的形状。关于托架等零部件的相互牵扯和安装方法，可根据设备厂家提供的图纸作详细规定。因此，工厂布置负责人的任务与上面所提到的内容相同。

6. 地面设备的安装

在地面上安装机电设备时，必须完全按照负责人员决定的位置或指示进行，也就是要根据部门布置的图纸来决定机电设备安装的位置，或重新准确地确定位置或决定未定部分的位置，这些均属于准备阶段的工作。一般在部门布置的完成图纸上并未标示出安装设备的准确位置，当然，如果事前能明确准确位置，可在部门布置的图纸上注明其尺寸。

7. 通道的区划

关于通道的区划位置，通常也要标示在部门布置的图纸上，在这一阶段应该再次确定正确的位置。地面上的标记，可暂时使用布带等，最后要用特殊涂料画上界线，以明确通道区域和工作区域。

8. 搬入设备的顺序

在搬入长而大的机电设备时，如果搬入顺序有错，就需要把已装设完的设备再重新安装。通常对于这些机电设备的搬入设置，一定要按顺序沿搬入路线来移动，并在图纸上加以确认，以防出错。

1.3.2 机电设备验收

机电设备验收是指按照有关合同、协议、技术规范等要求对机电设备进行装箱清单、安装精度、使用性能等方面的验收工作。机电设备验收的主要依据包括两大方面：①机电设备说明书、图纸和其他技术资料；②机电设备采购合同，内容包括全部与设备相关的参数、型号、数量、性能和其他要求，进度，供货范围，设备应配有的备品备件数量，相关服务的要求如安装、使用、维护服务及施工过程的现场服务，跨国的采购合同还应明确付款货币名称，如两种以上货币时的比例、人民币与外币的汇率比及时间。

1. 机电设备验收的内容

机电设备验收的内容主要包括核对验证、外观检查、运转调试检验和技术资料验收等。

（1）核对机电设备（含主要部件）的型号规格、生产厂家、数量等。

（2）机电设备整机、各类单元设备及部件出厂时所带附件、备件的种类、数量等应符合制造商出厂文件的规定和订购时的特殊要求。关键原材料和元器件质量及文件复核，包括关键原材料、协作件、配套元器件的质量及质保书。设备复验报告中的数据与设计要求的一致性。关键零部件和组件的检验、试验报告和记录以及关键的工艺试验报告与检验、试验记录等。

（3）验证产品与制造商按规定程序审批的产品图样、技术文件及相关标准的规定和要求的符合性。机电设备与重要设计图纸、文件与技术协议书要求的差异复核，主要制造工艺与设计技术要求的差异复核。

（4）机电设备采购协议的相关要求是否兑现。

（5）变更的技术方案（若有）是否落实。

（6）查阅设备出厂试验的质量检验的书面文件，应符合设备采购合同的要求。

（7）查阅制造商证明和说明出厂设备符合规定和要求所必需的文件和记录。

2. 机电设备的试运转

机电设备验收最重要的一步是调试运转待验收的设备。对新设备及大修后的旧设备，在安装好后都要进行试运转，这是安装阶段的最后工作，目的在于综合检验机电设备的运行质量、经过磨合后的设备能否达到正常磨损状态。

在机电设备试运转前，必须详细了解设备的图纸、说明书和操作维修技术资料，制订相应的试运转制度和技术措施。试运转分为空载试运转和负载试运转两部分。

试运转的安排应遵守先空载后负载，先局部后整体，先低速后高速，先短期后长期，先简单后复杂的谨慎稳妥的原则。

（1）空载试运转。

空载试运转的目的是检验机电设备安装的准确度能否在运转的情况下保持稳定性，主要检查设备的传动、操纵、控制、润滑、液压、监测系统是否能正常发挥其功能。在试运转过程中，可以发现并消除某些隐蔽性的缺陷。空载试运转时，因设备不带负载，由于某些缺陷而产生的破坏性可以降至最小，发现危险信号时也易于制动刹车。

在试车前要做好必要的准备工作，包括现场清理，紧固件检查，润滑检查，供油、供水、供电、供气系统及安全装置是否完备等。

空载试运转的时间视不同设备而异。对工作时间短或有周期性停车的设备，空载运转不得低于 2~4 h。对于精密和重要设备，其空载连续运转约 10 h。由于空载运转发现事故而停车修理，然后重新试车，不得低于最少的试车时间标准。

机电设备的空载试运转起到了初期磨合的作用。磨合是否达到要求，最简便的检测方法是测试各主要运动副的发热现象。经历一段时间空运转的机电设备，一般正常的工作温度不允许超过 500 ℃。

（2）负载试运转。

负载试运转是检查机电设备在正式工作的运转条件下维持其功能的情况。承载能力和工作性能指标应连续试运转一段时间后确定。

负载试运转一般以机电设备铭牌标示的额定转速或额定速度进行，从低载荷开始逐渐增加负载，最后以超载 10%~25% 进行试运转。这个阶段主要检查动力消耗、生产率、工作速度等指标。

在负载试运转中可能发现各种故障，此时必须立即排除。如设备的密封性能不良，配合表面之间间隙过大、过小，温升超标等，均会导致设备性能达不到要求。

机电设备的负载试运转，一般要稳定进行 72 h 以上才能认可，然后投入正常运行。设备负载试运转应有详细记录，包括设备本身几何精度的检查记录；一批试件产品质量的检查记录；设备试运转过程中出现的故障及排除情况记录；对发生故障的原因分析；对于设备试运转的总结和结论；试验人员及试验日期。

3. 机电设备的安装验收

机电设备的安装验收包括基础施工验收和设备试运转验收两部分。

机电设备的基础施工验收，严格按设备安装基础施工规范进行，要审查基础设计的图纸、技术要求、备料情况、施工工艺过程及试样鉴定。检查在基础上设置的中心板和标高基准的准确度以及地脚螺栓孔开挖的质量。

机电设备试运转的验收，是在设备调试合格，经企业的设备安装、检验、管理和使用部门共同做出鉴定后，在有关施工质量、准确度检验、试运转记录等验收凭据齐全的情况下，填写验收移交单，并由设备管理部门和使用部门签字。

至此，企业的机电设备系统才算具备了合格的实物形态，可以作为企业的一个组成部分正式参与到生产过程中去。

机电设备安装调试完毕后，设备验收部门应向供货商提出正式验收申请。供货商接受正式验收申请后，应会同设备主管部门的相关人员对设备进行场地、电源、水源、光源及是否"跑气、冒气、滴水、漏油"等方面的测试。

机电设备安装、调试、运行投产后，在订购合同所标注的日期内，若无质量问题，使用部门和安装部门再办理验收手续，填写验收单（见表 1-1）。

表 1-1 机电设备验收单

编号：　　　　　　　　　　　　　　　　　　　　日期：　　年　　月　　日

设备名称	规格型号	单位	数量	购价	运杂费	供应单位	质检项目		质检结果	备注
合计										
审核：		复检人员：		检验人员：		采购人员：		保管人员：		

1.3.3 机电设备移交

验收通过后的机电设备要及时将设备连同有关资料移交给使用部门。要注意的是，在新设备安装完毕或设备大修后，都要进行设备的试运转，这一期间的数据采集十分重要，这些数据的分析研究对设备以后的使用、维修、更新、改造、报废都有着密切的关系。这一期间数据采集的内容比较多，不仅仅是在计算机中填写有关数据而已，还要对新设备试运转中出现的变化和问题，甚至是故障情况，进行透彻的分析和研究，把所有有关的数据录入计算机系统，作为设备档案资料之一。为了确保数据采集的真实性和可靠性，需要试运转操作人员和数据记录人员在数据采集表上签名。机电设备的空载试运转和满载试运转两种情况应分开进行数据采集，录入计算机时要用两张表格，因为在这两种运转情况之下，机电设备出现的状况肯定不会相同。

1. 设备移交单送达各有关部门

对于经有关部门负责人签署同意移交的移交单（见表 1-2），应分别送达各有关部门作为列入固定资产的凭证，并以此作为办理设备有关业务的依据。

表 1-2　设备安装验收移交单

编号：　　　　　　　　　　　　　　　　　　　　　　　　　年　月　日

设备编号		设备名称		型号规格			出厂日期		
制造国别		制造厂商		出厂编号			制造日期		
资金来源	更新改造（　）基建（　）发展基金（　）技措（　）		外形尺寸长×宽×高（米）			重量　　千克		安装日期	
								始用日期	

附属设备			附机电动机						
名称	型号规格	数量	型号	功率	用途	型号	功率	用途	

检验或试车记录：　　　　　　　　检验人：　　　年　月　日		验收记录	①设备精度检验单份
			②切削试验记录单份
			③其他

设备价值	出厂价	运杂费	包装费	管理费	安装成本	其他	合计	预计使用年限	调入时已使用年限	调入时已提折旧	年折旧率

移交部门	使用部门	管理部门	安技部门	财务部门	企业设备主管批示	备注

注：本表一式五份（移交、使用、管理、安技、财务部门各一份）。

2. 随机的技术文件、附件等的移交

在办理机电设备移交时，必须同时将装箱单列举的设备使用说明书、维修技术文件、附件（或随机润滑油脂等辅料）移交设备使用部门，并填写表 1-3。将各种工具、量具交工具管理部门建账后，交设备使用部门保管使用。对于随机的测试仪器、仪表，应由仪器、仪表计量管理部门编号、建账，并开展定期计量。

表 1-3　设备开箱随机备品、配件移交单

年　　月　　日

设备名称		型号		规格	
资产编号		制造厂商		使用车间	
投资来源		出厂年月		出厂编号	
备品、配件、附件、工具明细					
序号	名称	型号规格		数量	备注
移交部门		设备动力部门		使用部门	

注：一式三份（移交部门、设备动力部门、使用部门各存一份）。

1.4　强化训练题

一、单选题

1. 按政治经济学观点，机器设备属于（　　）。

A. 劳动力　　　　　B. 劳动对象　　　　C. 生产工具　　　　D. 生产关系

2. 机电设备管理的目标是（　　）。

A. 折旧管理　　　　　　　　　　　B. 安全管理

C. 性能管理　　　　　　　　　　　D. 设备在寿命周期内经济性最好

3. 以下不属于设备的是（　　）。

A. 汽车　　　　　　B. 仓库　　　　　C. 工业炉窑　　　　D. 机床

4. 以下不属于固定资产的有（　　）。

A. 交通装备　　　　B. 打印机　　　　C. 未使用设备　　　　D. 劳动力

5. 土地属于（　　）。

A. 固定资产　　　　B. 在用设备　　　　C. 非生产设备　　　　D. 生产设备

二、判断题

1. 机电设备管理资料包括设备卡片、设备技术档案、员工身份证等。　　（　　）

2. 机电设备管理的主要目的是保证企业获得最好的经济效益。　　　　（　　）

3. 在满足使用的状况下，购买一部车床应选购寿命周期费用较低的。　　（　　）

4. 机电设备寿命周期费用是指设备原始费用与维持费用总和。　　（　　）

5. 20 世纪 70 年代以后，日本设备管理的维修制度是设备综合工程学。　　（　　）

三、名词解释

1. 机电设备

2. 机电设备管理

3. 设备安装

四、简答题

1. 技术方案规划的目的是什么？

2. 机电设备管理的发展趋势是什么？

3. 什么是设备的前期管理？设备前期管理的重要性是什么？

4. 现代机电设备的特征是什么？

5. 机电设备管理的发展过程分哪几个阶段？

6. 机电设备管理的意义是什么？

7. 设备管理的理念为什么要更新？

8. 设备选型的原则是什么？应考虑哪几个问题？

9. 自制设备设计时应考虑的因素有哪些？

10. 机电设备规划时，企业决策者应如何选择所需的设备方案？

11. 机电设备规划的一般过程是什么？

12. 机电设备规划制订时为什么要进行市场预测？

13. 机电设备投资规划的主要依据是什么？机电设备投资的费用来源是什么？

14. 影响机电设备的许多因素，集中反映出哪些问题？

15. 机电设备选型一般考虑哪些因素？

16. 在规划进口机电设备时应注意哪些问题？

17. 简述机电设备安装准确度的三要素。

18. 简述采集设备试运转中数据的重要性。

项目2　机电设备的资产管理

　　机电设备是企业固定资产的重要组成部分，是企业主要技术的物质基础，是影响企业生产能力的重要因素。为了加强固定资产的管理，避免企业或国家资产的流失，确保企业资产完整，充分发挥设备效能，提高生产技术装备水平和经济效益，通常要根据有关规定对固定资产按不同的标准进行分类管理，以更好地加强设备资产管理。

机电设备的
资产管理

　　我国对固定资产的分类和代码作了规范性要求，颁布了《固定资产分类与代码》（GB/T 14885—2010）的国家标准。通常有以下三种固定资产的分类方法：一是按使用情况，可分为正在使用的、未使用的、不需用的、封存的和租出的固定资产；二是按性能，可分为工作机器及设备、动力设备、传导设备、工具、仪器、生产用具、运输设备、房屋、建筑物、管理用具和其他固定资产；三是按固定资产所属关系，可分为国家固定资产、企业固定资产、租入固定资产和工厂所属集体所有制单位的固定资产。

知识拓展

资产评估环节如何避免国有资产流失

　　国有资产流失的常见手段包括低估资产、隐瞒债权、虚设债务、虚构产权交易等。根据有关规定，国有资产的产权交易过程中，资产评估是不可缺少的程序。本意是为了防止国有资产流失的资产评估环节，却成了国有资产流失的帮凶，那么该如何在每个评估环节中避免国有资产流失呢？

　　首先，要对拟评估的资产进行全面的清产核资，"做到账、卡、物、现金等齐全、准确、一致"。这是国资委《关于规范国有企业改制工作的意见》中明确规定的要求。其次，要对配合资产评估工作的相关人员进行必要的培训，即使是小型的资产评估也要进行适当的有针对性的学习，了解资产评估的基本常识，学习相关的法律文件。最后，要根据已确定的经济行为及拟评估的资产选取合适的评估机构。评估基准日原则上应尽可能选择会计期末或离经济行为发生较近的时日。

　　具体到机电设备评估来说，机电设备的评估主要是采用重置成本法，重要的评估参数是设备的重置成本与成新率。而最了解本企业设备的重置成本与成新率这两个参数可靠数据的人应该是本企业主管设备方面的工程技术人员与设备采购人员，即使评估机构聘请的专业人员也不见得赶上他们。所以，有经验的评估师往往就此与他们沟通，求得他们的支持，以便评估值更能接近实际。反过来说，企业也应派出得力人员配合评估机构，同时也顺便关注设备评估中的少评与漏评问题。

　　资产评估后期，资产占有单位为了防止在资产评估中国有资产的流失，应要求评估机构提供签字盖章前的资产评估报告草样，对其进行分析，发现有疑问之处，及时与评估机构进行交流。

做到上述各点，就可以杜绝或减少在资产评估中国有资产流失的现象。

（数据来源：星星阅读网 https://www.printdiy.cn）

2.1 机电设备的分类

对于机电设备的分类，通常有两种分类方法：第一种，按国家标准《国民经济行业分类与代码》的分类方法可分为四大类：通用机械类、通用电工类、通用与专用仪器仪表类、专用设备类；第二种，按照使用用途可分为三大类：产业类机电设备、民生类机电设备、信息类机电设备。下面详细阐述这两种机电设备的分类。

2.1.1 机电设备的分类

2.1.1.1 按照国家标准的方法分类

（1）通用机械类：通用机械类设备是指通用性强、用途较广泛的机械设备（图2-1），包括机械制造设备（金属切削机床、锻压机械、铸造机械等）；起重设备（电动葫芦、装卸机、各种起重机、电梯等）；农、林、牧、渔机械设备（如拖拉机、收割机、各种农副产品加工机械等）；泵、风机、通风采吸设备；环境保护设备；木工设备；交通运输设备（铁道车辆、汽车、自行车、船舶、飞行器等）等。

（a）　　　　　　　　　　（b）

（c）　　　　　　　　　　（d）

图2-1　常见通用机械

（a）起重设备；（b）航拍无人机；（c）冲床；（d）植树挖坑机

（2）通用电工类：指的是通用的电力生产设备以及各种通用电气类设备（图2-2），包括电站设备、工业锅炉、工业汽轮机、电机、电动工具、电气自动化控制装置、电炉、电焊机、电工专用设备、电工测试设备、日用电器（电冰箱、空调、微波炉、洗衣机等）等。

（a）　　　　　　　　　　　　（b）

图2-2　常见通用电工类机械

（a）冲击钻；（b）微波炉

（3）通用与专用仪器仪表类：指的是办公和日常事务用的通用性或者专用性的各类仪器仪表（图2-3），包括自动化仪表、电工仪表、成分分析仪表、光学仪器、实验仪器及装置、专业仪器仪表（气象仪器仪表、地震仪器仪表、教学仪器、医疗仪器等）等。

（a）　　　　　　　　　　　　（b）

图2-3　常见通用与专用仪器仪表

（a）电阻测试仪；（b）热疗设备

（4）专用设备类：指各种具有专门性能和专门用途的设备（图2-4），包括矿山机械、建筑机械、石油冶炼设备、电影电视设备、照相设备、医疗卫生设备、文化体育教育单位的设备、新闻出版单位的设备、公安政法机关的设备等。

2.1.1.2　按照使用用途分类

（1）产业类机电设备：是指用于企业生产的设备，包括机械制造行业使用的各类机械加工设备（普通车床、自动化生产线、工业机器人），还有其他行业使用的机械设备，如纺织机械、矿山机械等都属于产业类机电设备。

（2）民生类机电设备：是指用于人民生活领域的各种电子机械及机械电子产品，包括各种家用电器、家用加工机械、汽车电子化产品、健身运动机械等。

图 2-4 常见专用设备

（a）矿山机械；（b）造雪机；（c）摄像机；（4）晒图机

（3）信息类机电设备：是指用于信息采集、传输和存储处理的电子机械产品，包括计算机、打印机、一体机、传真机、通信设备等。

2.1.1.3 金属切削机床分类

下面以国家标准《国民经济行业分类与代码》分类中通用机械类下机械制造设备的金属切削机床为例详细讲解该类机电设备的细分情况。

金属切削机床（Metal-Cutting Machine Tools），又称为工作母机或工具机，通常简称为机床，是采用切削、磨削、特种加工等方法加工各种金属工件，切除金属毛坯或半成品的多余金属，使之获得符合零件图样要求的几何形状、尺寸精度和表面质量的机床（手携式的除外）。金属切削机床是机械制造工业中使用最广泛、数量最多的机床类别。通常情况下，机床的传统分类方法主要有四种。

1. 按照机床加工性质和所用的刀具来分类

根据 GB/T 15375—2008《金属切削机床型号编制方法》，将机床共分为 11 大类，分别是车床、铣床、钻床、镗床、磨床、齿轮加工机床、螺纹加工机床、刨插床、拉床、锯床及其他机床等（图 2-5）。

如果要对每一类机床再进一步细分，则每一类机床又可划分为若干组，每个组又划分为若干系列。在上述分类方法的基础上，我们还可以根据机床其他特征进一步区分。

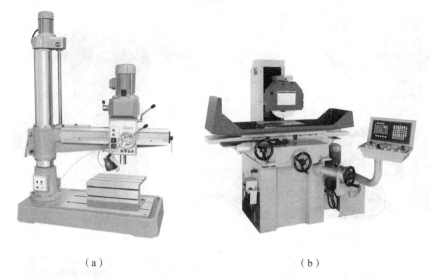

（a） （b）

图 2-5　常见机床
（a）摇臂钻床；（b）平面磨床

2. 按照机床加工零件的精度进行分类

按照机床加工精度不同，可以将机床分为普通精度机床、精密机床和高精度机床三种类型。

为了区分不同精度类型的机床，机床的加工精度等级是按其工艺特点来确定的。对于不同类别的机床，即使是同一精度等级（比如都是普通精度机床），其公差值也是不同的。以车床 CA6140 与万能磨床 M1432A 来说，虽然都是普通精度的机床，但 M1432A 精度却明显高于 CA6140。还需要注意的是，对于同一类别的三种精度的机床，其公差的比值一般约为 1：0.4：0.25。

3. 按照机床自身尺寸大小和重量来进行分类

按照机床自身的尺寸大小和重量来进行分类，机床可以细分为以下五种类型。

（1）仪表机床。

仪表机床主要指仪器、仪表、无线电等工业部门加工小型工件的机床。

（2）中、小型机床（又称为一般机床）。

其机床自身质量在 10 t 以下，这类机床归结为中、小型机床。

（3）大型机床。

这类机床的自身质量一般在 10~30 t。

（4）重型机床。

重型机床的自身质量在 30~100 t。

（5）特重型机床。

这类机床自身质量可达 100 t 以上。

4. 按照机床的应用范围来进行分类

按照机床的应用范围来进行分类，机床可以分为以下四种类型。

（1）通用机床（又称万能机床）。

这类机床的加工范围广泛，可以加工多种零件的不同工序。由于其通用性强，应用范围比较广，通常情况下它的结构往往比较复杂。常常适用于单件、小批量生产时选用。

（2）专门化机床（又称专门机床）。

这类机床专门用于加工不同尺寸的一类或几类零件的某一特定工序，比如说精密丝杠车床、凸轮轴车床、曲轴车床和连杆轴颈车床等都属于专门化机床，这类机床适用于成批大量生产时来选用。

（3）专用机床。

专用机床是专门用以加工某种零件的特定工序的机床，如加工汽车后桥壳体的专用镗床、加工机床主轴箱的镗床等。这类机床加工范围小，被加工零件稍有一点变动就不能适应。通常情况下专用机床结构较通用机床简单，但生产率高，机床自动化程度往往也比较高。所以，专用机床一般在成批大量生产中选用。

（4）组合机床。

这类机床是将预先制造好的标准件、通用零部件与少量专用件组合而成的机床。组合机床可以同时从几个方向采用多把刀具，对一个或几个零件进行切削。当被加工工件改变时，组合机床可以部分或全部重新改装，利用原有的通用零部件还可以组成新的专用机床。组合机床适用于自动化生产线和大批量生产的场合。

2.1.2 机电设备型号的编制方法

机电设备的型号是赋予每种设备的一个代号。我国的机床型号，是按照 2008 年8 月颁布的国家标准 GB/T 15375—2008《金属切削机床型号编制方法》编制的。由于本标准不适用于组合机床、特种加工机床，仅适用于新设计的各类通用及专用金属切削机床（以下简称机床）、自动线。因此，这里只介绍最常用的机床通用型号的编制办法，其他机床型号编制方法请参阅其他有关标准。

1. 机床型号的表示方法

机床的型号由基本部分和辅助部分组成，其中间用"/"隔开，读作"之"。前者需统一管理，后者纳入型号与否由企业自定。机床的型号构成如图 2-6 所示。

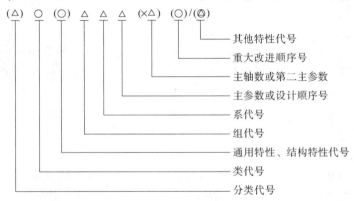

注 1：有"（　）"的代号或数字，当无内容时，则不表示。如果有内容则不带括号。
注 2：有"○"符号的，为大写的汉语拼音字母。
注 3：有"△"符号的，为阿拉伯数字。
注 4：有"⊘"符号的，为大写的汉语拼音字母，或阿拉伯数字，或两者兼有之。

图 2-6　机床的型号构成

2. 机床的分类及代号

根据前述内容可知，机床按其工作原理可划分为车床、钻床、镗床、磨床、齿轮加工机床、螺纹加工机床、铣床、刨插床、拉床、锯床和其他机床共 11 大类。

机床的类代号，用大写的汉语拼音字母表示。如果有必要，每类又可分为若干分类。分类代号在类代号之前，作为型号的首位，并用阿拉伯数字表示。第一分类代号前的"1"省略，第"2""3"分类代号则应予以表示。机床的分类和代号见表 2-1。

表 2-1　机床的分类和代号

类型	车床	钻床	镗床	磨床			齿轮加工机床	螺纹加工机床	铣床	刨插床	拉床	锯床	其他机床
代号	C	Z	T	M	2M	3M	Y	S	X	B	L	G	Q
读音	车	钻	镗	磨	二磨	三磨	牙	丝	铣	刨	拉	割	其

对于具有两类特性的机床进行型号编制时，应将主要特性放在型号的后面，次要特性放在前面。比如铣镗床就是以镗为主、铣为辅。

3. 机床型号构成中第三个代号——通用特性代号、结构特性代号

这两种特性代号，都是用大写的汉语拼音字母表示，位于类代号之后。

（1）通用特性代号。

通用特性代号有统一的规定含义，它在各类机床的型号中，表示的意义相同。

当某类型机床，除有普通型外，还有下列某种通用特性时，则在类代号之后加通用特性代号予以区分。如果某类型机床仅有某种通用特性，而无普通型式者，则通用特性不予表示。

当在一个型号中需要同时使用两至三个普通特性代号时，一般按重要程度进行排序。通用特性代号，按其相应的汉字字意读音。

机床的通用特性代号见表 2-2。

表 2-2　机床的通用特性代号

通用特性	高精度	精密	自动	半自动	数控	加工中心（自动换刀）	仿形	轻型	加重型	柔性加工单元	数显	高速
代号	G	M	Z	B	K	H	F	Q	C	R	X	S
读音	高	密	自	半	控	换	仿	轻	重	柔	显	速

（2）结构特性代号。

在主参数值相同而结构、性能不同的机床型号中，需加结构特性代号予以区分。根据各类机床的具体情况，对某些结构特性代号，可以赋予一定含义。但结构特性代号与通用特性代号不同，它在型号中没有统一的含义，只在同类机床中起区分机床结构、性能的作用。当型号中有通用特性代号时，结构特性代号应排在通用特性代号之后。结构特性代号，用汉语拼音字母 A、B、C、D、E、L、N、P、T、Y 表示，但不能用通用特性代号已用的字母和"I""O"这两个字母。当单个字母不够用时，可将两个字母组合起来使用，如 AD、AE 等或 DA、EA 等。

4. 机床型号构成中第四、第五个代号——组、系的代号

（1）机床的组、系的划分原则。

通常将每类机床划分为十个组，每个组又划分为十个系（系列）。组、系划分的原则如下：

①在同一类机床中，主要布局或使用范围基本相同的机床，即为同一组。

②在同一组机床中，其主参数相同、主要结构及布局型式相同的机床，即为同一系。

（2）机床的组、系代号的表示方法。

机床的组，用一位阿拉伯数字表示，位于类代号或通用特性代号、结构特性代号之后。

机床的系，也是用一位阿拉伯数字表示，位于组代号之后。

5. 机床型号构成中第六个代号——主参数或设计顺序号

（1）机床型号中主参数的表示方法是用折算值表示，位于系代号之后。当折算值大于 1 时，则取整数，前面不加"0"；当折算小于 1 时，则取小数点后第一位数，并在前面加"0"。

机床的统一名称和组、系划分，以及型号中主参数的表示方法，见国家标准 GB/T 15375—2008《金属切削机床型号编制方法》的 5.2 部分。

（2）对于某些通用机床，当无法用一个主参数表示时，则在型号中用设计顺序号表示。设计顺序号由 1 起始，当设计顺序号小于 10 时，由 01 开始编号。

6. 机床型号构成中第七个代号——主轴数和第二主参数

（1）主轴数的表示方法。

对于多轴车床、多轴钻床、排式钻床等机床，其主轴数应以实际数值列入型号，置于主参数之后，用"×"分开，读作"乘"。单轴，可省略，不予表示。

（2）第二主参数的表示方法。

第二主参数（多轴机床的主轴数除外），一般不予表示，如有特殊情况，需在型号中表示。在型号中表示的第二主参数，一般以折算成两位数为宜，最多不超过三位数。以长度、深度值等表示的，其折算值为 1/100；以直径、宽度值表示的，其折算值为 1/10；以厚度、最大模数值等表示的，其折算值为 1。当折算值大于 1 时，则取整数；当折算值小于 1 时，则取小数点后第一位数，并在前面加"0"。

7. 机床型号构成中第八个代号——机床的重大改进顺序号

当机床的结构、性能有更高的要求，并需按新产品重新设计、试制和鉴定时，才按改进的先后顺序选用 A、B、C 等汉语拼音字母，加在型号基本部分的尾部，以区别原机床型号。但不得选用"I""O"两个字母。

重大改进设计不同于完全的新设计，它是在原有机床的基础上进行改进设计，因此，重大改进后的产品与原型号的产品，是一种取代关系。

在下列情况下其型号不变。如局部的小改进，或增减某些附件、测量装置及改变装夹工件的方法等，因对原机床的结构、性能没有做重大的改变，故不属重大改进。

8. 机床型号构成中的辅助部分——其他特性代号

（1）其他特性代号。

对于其他特性代号，置于辅助部分之首。其中同一型号机床的变型代号，一般应放在其他特性代号之首位。

（2）其他特性代号的含义。

其他特性代号的含义主要用以反映各类机床的特性。例如：对于数控机床，可用来反映不同的控制系统等；对于加工中心，可用以反映控制系统、联动轴数、自动交换主轴头、自动交换工作台等；对于柔性加工单元，可用以反映自动交换主轴箱；对于一机多能机床，可用以补充表示某些功能；对于一般机床，可以反映同一型号机床的变型等。

（3）其他特性代号的表示方法。

其他特性代号的表示方法，可用汉语拼音字母（"I""O"两个字母除外）表示，其中 L 表示联动轴数，F 表示复合。当单个字母不够用时，可将两个字母组合起来使用，如 AB、AC、AD 等，或 BA、CA、DA 等。

除此之外其他特性代号，可用阿拉伯数字表示，也可用阿拉伯数字和汉语拼音字母组合表示。

9. 通用机床型号示例

示例 1：工作台最大宽度为 500 mm 的精密卧式加工中心，其型号为：THM6350。

示例 2：工作台最大宽度为 400 mm 的 5 轴联动卧式加工中心，其型号为：TH6340/5L。

示例 3：最大磨削直径为 400 mm 的高精度数控外圆磨床，其型号为：MKG1340。

示例 4：经过第一次重大改进，最大钻孔直径为 25 mm 的四轴立式排钻床，其型号为：Z5625X4A。

示例 5：最大钻孔直径为 40 mm，最大跨距为 1 600 mm 的摇臂钻床，其型号为：Z3040X16。

示例 6：最大车削直径为 1 250 mm，经过第一次重大改进的数显单柱立式车床，其型号为：CX5112A。

示例 7：光球板直径为 800 mm 的立式钢球光球机，其型号为：3M7480。

示例 8：最大回转直径为 400 mm 的半自动曲轴磨床，其型号为：MB8240。根据加工的需求，在此型号机床的基础上交换的第一种型式的半自动曲轴磨床，其型号为：MB8240/1，变换的第二种型式的型号则为：MB8240/2，依次类推。

示例 9：最大磨削直径为 320 mm 的半自动万能外圆磨床，结构不同时，其型号为：MBE1432。

示例 10：最大棒料直径为 16 mm 的数控精密单轴纵切自动车床，其型号为：CKM1116。

示例 11：配置 MTC-2M 型数控系统的数控床身铣床，其型号为：XK714/C。

示例 12：试制的第五种仪表磨床为立式双轮轴颈抛光机，这种磨床无法用一个主参数表示，故其型号为：M0405。后来，又设计了第六种为轴颈抛光机，其型号为：M0406。

2.2 机电设备台账建立

2.2.1 机电设备资产卡片

机电设备资产卡片是设备资产的凭证，在设备验收移交生产部门时，设备管理部门和财务部门均应建立单台设备的资产卡片，登记设备编号、基本数据及变动记录，并按使用保管单位的顺序建立设备卡片册。机电设备资产登记明细卡式样表见表 2-3。随着机电设备的调动、调拨、新增和报废，可以在卡片册内调整卡片位置、补充卡片或抽出注销。

表 2-3　机电设备资产登记明细卡

资产编号		型号		制造厂		国别		出厂编号	
设备名称		规格		出厂日期		到厂日期		启动日期	
复杂系数	机： 电：	重量/t		安装地点				原值/元	
附属电机总容量：　　kW					附件及专用工具				
型号	容量	安装部位	台数	名称	型号规格	数量	名称	型号规格	数量
皮带									
型号规格		数量/条							
大修理完工日期		年　月　日		年　月　日		年　月　日		年　月　日	

机电设备资产卡片是机电设备资产的重要凭证，机电设备资产卡片的正面和反面式样表见表 2-4 和表 2-5。

表 2-4　设备资产卡片（正面）

年　　月　　日

卡片编号：			资产编号：		
轮廓尺寸（长宽高）：			重量/t：		
国别		制造厂		出厂编号	
资产名称	中文：			出厂日期	
	英文：				
用途				投产日期	
附属装置	名称	型号、规格	数量		
				分类折旧年限	
				修理复杂系数	
				机	电　　　热
资产原值		资金来源		资产所有权	报废时净值
资产编号		设备名称		型号	设备分类

表 2-5　设备资产卡片（背面）

电机	用途	名称	形式	功率/kW	转速	备注
变动记录						
日期	调入单位		调出单位	已提折旧		备注

2.2.2　机电设备台账建立

机电设备台账是掌握企业机电设备资产状况，反映企业各种类型机电设备的拥有量、设备分布及其变动情况的主要依据。

（1）建立机电设备台账的准备工作。

在建立机电设备台账前，必须先建立和健全设备的原始凭证，如设备的安装验收移交单、调拨单和报废单等，需要依据这些原始单据建立和登载各种机电设备台账。同时，要及时了解机电设备资产的动态，为清点机电设备、进行统计和编制维修计划提供依据，从而提高机电设备资产的利用率。

机电设备安装验收移交单式样表见表2-6。

表 2-6　机电设备安装验收移交单

年　　月　　日　　　　　　　　　　　　　　　　　　　　　　字第　　　号

设备编号		设备名称		型号规格			出厂日期		
制造国别		制造厂名		出厂编号			制造日期		
资金 来源	更新改造（　）基建（　） 发展基金（　）技措（　）		外形尺寸 长×宽×高（m）			质量/kg		安装日期	
								始用日期	
附属设备			附机电动机						
名称	型号规格	数量	型号	功率	用途	型号	功率		用途

检验或试车记录： 　　　　检验人：　　　　　年　月　日					验收 记录	①设备精度检验单份	
						②切削试验记录单份	
						③其他	
设备 价值	出厂价	运杂费	包装费	管理费	安装 成本	其他	合计	预计 使用 年限	调入时 已使用 年限	调入时 已提 折旧	年折 旧率
移交部门		使用部门		管理部门		安技部门	财务部门	企业设备主管批示		备注

注：一式四份：移交、使用、管理、财务部门各一份。

机电设备调拨单式样表见表2-7。

表2-7　机电设备调拨单

日期：　　年　　月　　日

序号	设备编号	设备名称	设备使用状况

调出部门		调出部门 设备保管人		调出部门 负责人	
调入部门		调入部门 设备保管人		调入部门 负责人	
设备部管理员		设备部负责人			

注：此单一式三份，一份调出部门保存，一份调入部门保存，一份设备部留存。

（2）机电设备台账的编制方法。

①按照机电设备分类编号台账。按类组代号分页，按资产编号顺序排列，这样做便于新增设备的资产编号和分类分型号的统计。

②按照机电设备使用部门顺序排列编制。主要是建立设备使用单位的机电设备台账，便于生产和设备维修计划管理及进行机电设备清点。

以上两种台账分别汇总构成企业机电设备总台账，这两种台账可以采用同一种表式。普通机电设备台账式样表见表2-8。

表2-8　普通机电设备台账

设备类别：　　　　　　　　　　　　　　　　　　　　　　　　单位：

序号	资产编号	设备名称	型号	设备分类	复杂系数			配套电机		总量/t	制造厂商	轮廓尺寸	出厂编号	制造日期	进厂日期	验收日期	投产日期	安装地点	折旧年限	设备原值/万元	进口设备合同号	随机附件数	备注
					机	电	热	台	kW														

特种机电设备台账式样表见表2-9。

表 2-9 特种机电设备台账

序号	设备名称	安装位置（内部编号）	厂车牌号	注册代码	额定能力	制造单位	出厂编号	投用时间	检验单位	检验报告编号	检验结论	检验日期/下次检验日期	使用状态	备注

2.3 机电设备档案管理

2.3.1 机电设备档案的内容

机电设备档案是指设备从规划、设计、制造、安装、调试、使用、维修、改造、更新直至报废的全过程所形成的图样、文字说明、凭证和记录等文件资料，通过收集、整理和鉴定等工作归档建立起来的动态系统资料。

机电设备档案是机电设备制造、使用和维修等工作的一种信息方式，是机电设备管理与维修过程中不可或缺的基本资料。

企业设备管理部门应为每台生产设备建立档案，对精密、大型、稀有、关键设备和重要的进口设备等应在建立设备档案的同时重点进行管理。

机电设备档案主要由两方面的内容构成。

（1）机电设备前期档案资料。

机电设备前期档案资料主要有设备选型和技术经济论证方案，设备购置合同（副本），自制（或外委）专用设备设计任务书和鉴定书，检验合格证及有关附件，设备装箱单及设备开箱检验记录，进口设备索赔资料复印件（在发生索赔情况时才应有），设备安装调试记录、精度测试记录和验收移交书，设备初期运行资料及信息反馈资料等。这些都属于机电设备前期档案的内容。

（2）机电设备后期档案资料。

机电设备后期档案资料主要有机电设备资产卡片，设备故障维修记录，单台设备故障汇总单，设备故事报告单及有关分析资料，定期检查和检测记录，定期维修及检修记录，设备大维修资料，设备改装、设备技术改造资料，设备封存（启封）单，设备报废单以及企业认为应该存入的其他资料。

2.3.2 机电设备档案的编制

（1）机电设备档案编制的基本要求。

在进行机电设备档案编制的过程中，需遵循以下原则：

①档案内容一律用黑色签字笔工整书写或打印，数据和编号采用阿拉伯数字。

②档案要求及时、规范、统一、齐全、整洁。

③对总结、文件和报表等文字材料，要求精练、工整、美观。

④对有历史情况的档案资料，应建立基础资料目录登记册，以便于查找。

⑤原始检修交工的文件要求装订整齐，按顺序排列编号，并保存于设备技术档案内。

⑥技术档案中的图纸要求按国家标准复制，做好折叠，正面向外，标题栏角露在右下角。

⑦技术档案中的照片要附有编号，并填写清楚加以说明。

⑧各类资料要求逐页编号。凡未铅印编号的，在右上角用阿拉伯数字书写编号。

（2）机电设备档案建立完好的标准。

①档案种类齐全、实用。

②档案整洁、规范化。

③排列合理，方便使用。

④档案的内容、数据与说明要完整、准确、真实、精练。

⑤按时填写、归档，保持成套性。

2.3.3 机电设备档案的管理

机电设备档案资料需要按照每台单机整理，存放在设备档案内，档案编号应与设备编号一致。机电设备档案袋由设备动力管理维修部门的设备管理员负责管理，保存在设备档案柜内，按编号顺序排列，定期进行登记和资料入袋工作。随着信息化手段的完善和普及，大中小型企业都应通过计算机网络技术甚至区块链等先进技术管理机电设备档案。

不管是计算机管理还是人工管理，要做好机电设备档案管理，需要做到以下几点：

（1）明确机电设备档案管理的具体负责人，档案不得处于无人管理状态。

（2）明确纳入机电设备档案的各项资料的归档路线，包括资料来源、归档时间、交接手续和资料登记等。

（3）新购置的设备等新项目投产后，其竣工图、安装试车记录、说明书、检验证、隐蔽工程试验记录及制造厂家试验检查记录和鉴定书（电气设备）等文件，交档案处保管。档案处应对其做抄件，分别转给机动处和设备所在单位，装入设备技术档案。

（4）在用设备的档案由机动处与设备所在单位按分管范围妥善保管。设备迁移、调拨时，将其档案随设备调出；主要设备报废后，将其档案及时交企业档案处存查。

（5）设备检修后，必须有完整的交工资料并装订成册，由检修单位交设备所在单位，同时交机动处一份，一并存入设备档案。内容主要包括交工资料目录、各种试验测量记录、缺陷及修复记录、隐蔽工程记录、设计变更记录、理化检测记录、主要配件合格证、防腐工程记录、单体试车记录、联动试车合格记录及其他必要的资料等。

（6）明确重点管理设备档案，做到资料齐全，登记及时、正确。

（7）明确设备档案的借阅管理办法，防止丢失和损坏。

2.4　机电设备资产评估

机电设备资产评估是指由专门机构和人员，依据国家的规定和有关资料，根据特定的目的，遵循适用的原则和标准，按照法定的程序，运用科学的方法，对机电设备资产进行评定和估价的过程。

2.4.1　机电设备资产评估的对象

资产评估对象是被评估的资产，即资产评估的客体。按照不同的分类，资产评估对象也不同，按照被评估资产的存在形态来进行分类的，可以分为有形资产和无形资产两大类。

（1）有形资产。

有形资产是指具有具体实体形态的资产，包括固定资产、流动资产、其他资产和自然资源等，如机床、汽车、土地等。

（2）无形资产。

无形资产是指能够长期使用，但没有物质实体存在，而以特殊权利或技术知识等形式存在，并能为拥有者带来收益的资产，比如专利、软件等。

这里所说的资产评估对象的机电设备，主要是指构成装备制造企业、交通运输企业等企业的有形资产，比如金属切削类机床、施工机械、轨道交通车辆等。

2.4.2　机电设备资产评估的特点

机电设备具有单位价值高、使用时间长等特点，因此在机电设备资产评估过程中应保证评估的真实性和准确性。针对不同类型的机电设备，资产评估需要关注其自身的特点并加以区分。

（1）机电设备技术含量都比较高，比如一些大型、重型、稀有、高精度、数控和成套设备，对这些机电设备的评估要以技术检测为基础，并参照国内外技术市场价格信息进行评估。

（2）对于连续性作业的生产线设备，其构成单元是不同类型的装置，要以单台、单件作为评估对象分类进行，然后汇总以保证评估的准确性。

（3）机电设备在使用过程中会产生有形损耗和无形损耗，因此在进行机电设备资产评估的时候需要进行充分的调查和技术经济分析。

2.4.3　机电设备资产评估的原则

机电设备资产评估应遵循机电设备资产评估的基本原则，它是规范评估行为和业务的准则。机电设备资产评估的具体原则有以下八个方面：

（1）专业性原则。

机电设备进行资产评估的机构必须是能够提供资产评估服务的专业技术机构。

（2）客观性原则。

机电设备资产评估必须是在客观可靠资料的基础上，采用符合实际的标准和方法获得合理可信、公正的评估结论。

（3）科学性原则。

机电设备在具体资产评估过程中必须制定科学的评估方案，按照合理的评估程序，利用资产评估的基本原理来指导评估的具体操作，从而获得科学、准确、合理的机电设备资产评估结果。

（4）独立性原则。

机电设备资产评估机构是独立的社会公正性机构，评估工作应始终依据国家规定的政策和可靠的数据资料独立进行操作，做出独立的评定，不能受其他任何因素的影响。

（5）整体性原则。

机电设备资产在评估一项由多个设备或装置构成的整体成套设备时，必须综合考虑该台（项）设备在整体设备中的重要性，而不是独立地确定该台（项）设备的资产。这里我们举一个例子。比如，评估生产线上的设备，必须从整体考虑该设备在生产线上的功能重要程度来评估其资产价值。

（6）替代性原则。

机电设备资产在评估时，需考虑某一设备的选择性或有无替代性，这是评估时需考虑的一个重要因素，因为同时（评估基准日）存在几种效能相同的设备时，实际存在的价格有多种，而最低价格的设备社会需求最大，评估时应考虑最低价格水平。

（7）预期性原则。

机电设备资产评估是由基于未来收益的期望值决定的。评估设备资产高低，取决于其未来使用性或获利的能力。在进行设备资产评估时，必须合理预测其未来的获利能力。因此，被评估设备需按目前用途和使用方式、规模、频度、环境等情况，继续使用或在有所改变的基础上使用，相应确定评估方法、参数和依据。

（8）公开市场性原则。

机电设备资产评估选取的作价依据和评估结论都可在公开市场存在或成立。公开市场是指一个竞争性的市场，交易各方进行交易的目的，在于最大限度地追求经济利益，交易各方有掌握必要的市场信息，具有较为充裕的时间，对评估设备具有必要的专业知识，交易条件公开并且不具有排他性。

2.4.4　机电设备资产评估的方法

机电设备资产评估方法主要有市场比较法、重置成本法、收益现值法三种。

（1）市场比较法。

市场比较法是现行市价法中的一种，是根据公开市场上与被评估资产相似的或可比的参照物的价格来确定被评估资产的价格。它是一种比较简单、有效的方法，因为评估过程中的资料直接来源于市场，同时又为即将发生的资产行为估价。但是，现行市价法的应用与市场经济的建立和发展以及资产的市场化程度密切相关。

其计算公式为：

设备评估价值＝市场参照物现行市价×重估成新率×调整系数

式中的调整系数，主要考虑评估对象与参照物在技术性能、使用效益上的差别，经比较后综合确定一个二者价值上的比率。下面通过一个例题来说明。

【例题】 某制造商原购置的一台专用零件制造设备，在实际使用过程中根据实际加工零件的需要曾采用先进技术和材料做了局部改进。到目前为止该设备已使用 4 年，尚可使用 10 年，预计残值为 8 500 元。市场上相同的原装设备基准价为 85 500 元。考虑到被评估设备做过技术改进但已使用多年，其调整系数定为 1.25，求该设备的评估价值。

解：设备的评估价值为

$$(85\ 500 - 8\ 500) \times \left(1 - \frac{4}{4+9}\right) \times 1.25$$

$$= 77\ 000 \times \frac{9}{13} \times 1.25$$

$$= 66\ 634.615$$

$$= 66\ 635\ (元)$$

（2）重置成本法。

所谓重置成本法是指在评估机电设备资产时，按被评估资产的现时重置价值，再扣减在使用过程中因自然损耗、技术进步或外部经济环境导致的各种贬值。所以，重置成本法是通过估算被评估资产的重置成本和资产实体性贬值、功能性贬值和经济性贬值，将重置成本扣减各种贬值作为资产评估价值的一种方法。

①实体性贬值。

这里所说的实体性贬值是指资产在存放或使用过程中，由于使用磨损和自然力的作用，造成实体损耗而引起的贬值。

②功能性贬值。

功能性贬值是由于无形损耗而引起价值的损失。确定功能性贬值额的主要依据是设备的效用、生产能力和工耗、物耗、能耗水平等功能方面的差异造成的成本增加和效益降低等。

③经济性贬值。

经济性贬值是由于外部环境变化造成的设备贬值。计算经济性贬值时，主要是根据由于产品销售困难而开工不足或停止生产，形成资产的闲置，价值得不到实现等因素，确定其贬值额。

重置成本法计算资产评估价值所用公式可表示为：

评估价值＝重置成本－实体性贬值－功能性贬值－经济性贬值

（3）收益现值法。

收益现值法是指将估算的被评估资产的未来预期收益折算成资产现值（未来收入一定量货币的现有价值量），以此确定被评估资产价格的一种资产评估方法。

收益现值法是通过预测设备的获利能力，对未来资产带来的净现金流按一定的折现率折为现值，作为被评估资产的价值。基本计算公式为：

$$P = \sum_{t=1}^{n} \frac{F_t}{(1+i)^t}$$

式中：

P——评估价值；

F_t——第 t 个收益期的预期收益；

i——折现率。

若假设预期的收益 F 是稳定的，则：

$$P = F \frac{(1+i)^n - 1}{i(1+i)^n}$$

式中，n 为年金现值系数。

2.5 强化训练题

一、填空题

1. 设备编号中每一个设备编号只代表_____台设备，在一个企业中，不允许有两台设备采用一个编号。

2. 机床按其工作原理划分为_____、钻床、_____、磨床、齿轮加工机床、螺纹加工机床、_____、刨插床、拉床、锯床和其他机床共 11 类。

3. 机床按照加工精度不同可以分为_____机床、_____机床和_____机床三种类型。

4. 设备台账的编制方法有_____和按设备使用部门顺序排列编制使用单位的设备台账。

5. 机电设备资产评估方法主要有_____、_____和_____三种。

6. 资产评估的对象按照被评估资产的存在形态，可以分为_____和_____。

二、单选题

1. 机电设备是企业（　　）的重要组成部分。

A. 流动资产　　　　B. 固定资产　　　　C. 无形资产　　　　D. 低值易耗品

2. 机电设备管理资料包括（　　）。

A. 机电设备卡片　　　　　　　　B. 机电设备技术特性一览表

C. 机电设备技术档案　　　　　　D. 以上均是

三、判断题

1. 机电设备台账是掌握企业机电设备资产状况，反映企业各种类型机电设备的拥有量、设备分布及其变动情况的主要依据。　　　　　　　　　　　　（　　）

2. 明确机电设备档案管理的具体负责人，档案可以处于无人管理状态。（　　）

3. 明确设备档案的借阅管理办法，防止丢失和损坏。　　　　　　　（　　）

4. 机电设备进行资产评估的机构必须是能够提供资产评估服务的专业技术机构。

（　　）

四、问答题

1. 设备编号中应遵循的原则有哪些？

2. 什么是机电设备资产卡片？

3. 什么是机电设备技术档案？

4. 机电设备档案的主要内容是什么？

5. 机电设备资产评估的主要原则有哪些？

6. 机电设备资产评估的特点是什么？

项目3 机电设备的使用及维护

机电设备的广泛应用有效推动了各行各业的发展，机电设备的安全运行以及维护保养，影响着企业的持续生产运作节奏，严格有效的管理技术能促进行业企业的可持续发展。机电设备从生产出来到物尽其用直至走向报废，都要经历采购安装、装配调试、操作使用、维护保养等多个过程。这些过程环环相扣，缺一不可，任何一个地方出现问题都有可能会导致企业生产管理秩序的混乱。现阶段机电设备管理手段的发展不断成熟，各行业机电设备的性能也逐步提升，改善机电设备的运行状态，保证机电设备平台各类作业操作的正常开展，是机电设备使用与维护管理工作的主要目的。

机电设备的
使用及维护

加强对机电设备使用与维护方面的管理工作，不仅能让机电设备始终处于一个良好的工作状态，让生产工作能够稳定有效地开展，还能有效降低机电设备故障问题所导致的事故影响，保障员工的生命安全。在实际生产过程中，机电设备的使用人员、维护人员和管理人员只有协同合作，科学认真地对机电设备进行保养和维护，才能尽可能降低零件磨损、延长机电设备寿命、消除生产故障隐患。

知识拓展

苏联专家与中国工业的崛起

20世纪50年代初期，艰难起步的中国开始编制国民经济发展的第一个五年计划，但是当时的中国刚刚稳步，国内既没有高精尖人才，也没有任何经验可谈。彼时全国上下都提倡全面学习苏联，并大规模、全方位地向苏联引进专家。苏联专家协助我们制定、执行"一五计划"，提出了许多宝贵意见，他们帮助中国建立了经济体制，帮助中国完成了科学技术发展远景规划，为新中国的发展做出了重大贡献。

中国的工业从无到有，倾注了苏联专家的心血和汗水。长春第一汽车制造厂就是在苏联专家的帮助下，全套引进苏联机电设备和零件，在东北这块黑土地上崛起。当时苏联总顾问希格乔夫和一批专家，从产品工艺、技术检查到机电设备安装、生产调度，手把手地教中国技术人员和管理人员安装、调试、生产，并于1956年7月13日使新中国的第一辆中国汽车成功下线。苏联专家不仅为新中国的工业建设出谋划策，还言传身教，培养出大批的中国技术人才。第一汽车制造厂的186名苏联专家，就在两万名职工中，带出了几千名管理干部和技术人员。大连造船厂的苏联专家，毫无保留地向中国职工传授知识和经验，培养出技术和管理干部近千人。在人民解放军中工作的苏联军事专家，就有22名之多，他们分布在解放军的各个军种和不同单位。苏联援助中国的国防工业项目多达87项，对这87项国防工业项目从设计、仿制到技术培训都提供了全面的技术援助，使中国很快具备了生产比较先进的武器装备的能力，奠定了国防工业的基本布局与基础。但在援助过程中，苏联总是拖延提供原子弹教学模型和图纸资料，拒绝按协议提供原子弹样品和导弹的技术资料，在已经供应的机电设备中，一般机电设备多，关键机电设备少。尽管如此，苏联的援助还是让中国核工业初显端倪，为中国培养了一批技术人才，为中国的核工业奠定了整体框架。在苏联的援助下，中国建立了自己的铀浓缩工厂，铀235生产线的主要环节已经建成，机电设备也基本配套齐全，为第一颗原子弹的爆炸奠定了基础。

然而1959年6月，苏联单方面撕毁国防技术协定，拒绝向中国提供原子弹生产技术资料，不等中国政府同意，在一个半月内召回所有专家。但是中国却并没有如苏联所期待的那样一蹶不振，而是提出"依靠自己力量"。虽然专家的撤离给中国的战略尖端武器研制带来了困难，但是这种困难不能阻止中国人前进的脚步。中国发挥自力更生、艰苦奋斗的精神，仅用几年时间，便成功地进行了原子弹试验，这也充分证明了中国人的能力。苏联撤走专家本意是想警告中国，制约中国，但这也激发了中国人的志气。此后，中国的工业就是靠着不服输的韧劲与艰苦的努力发展起来的。

3.1　机电设备的使用管理

3.1.1　正确使用机电设备的意义

机电设备在负荷作用下运行发挥其所对应功能的过程，即为机电设备的使用过程。随着现代化进程的推进，生产制造业对自动化产业的要求也逐渐提高，从而推动机电设备朝向更加智能与高端的方向发展。各行业对机电设备的需求不同，自然也催生出更加多元化的机电设备市场，在生活中常见的如房地产行业中的塔吊机电设备、服务行业的观光电梯机电设备、旅游行业的过山车或是游览索道机电设备、医疗行业的检查仪器机电设备等，这些常被忽略的大块件都属于机电设备。机电设备已然融入人类生活的各个方面，其使用场合各不相同，功能不同，面对群体不同，因此各类机电设备有其特有的使用准则。

机电设备投入使用后，会受到多种因素的协同作用影响，包括载荷作用等五个方面。

（1）载荷作用。

机电设备受到外力的作用，导致零件松动或脱落。例如，电梯受到进出的人体施加的载荷、数控车床在加工过程中主轴受到扭转力等。

（2）化学作用。

受到高温潮湿的工作环境影响，机电设备中的零件会在水分、氧气或是化学药品的影响下，出现腐蚀、生锈等情况。

（3）使用方法。

不同的机电设备，使用方法要有所区别；同样的机电设备用于不同的生产，其使用方法也要针对性地做出修改。一名合格的操作人员既要把控机电设备的生产情况，也要掌握正确使用机电设备的方法。

（4）使用工作规范。

操作人员在使用机电设备的过程中必须严格执行操作规程与使用规程，遵守定人定机制度、凭证操作制度与交接班制度等，了解机电设备的使用工作范围与工艺要求等。

（5）运行持续时间。

工作时间的长短影响着机电设备的使用寿命。过长的持续运行时间会导致机电设备的异常升温，加重零部件之间的不良摩擦，降低零部件材料的力学性能等。

要想延长机电设备的寿命，让机电设备以最大限度维持较好的工作能力，首先应从机电设备的使用方面入手，用科学的手段，规避机电设备使用误区，总结出机电设备的使用方法、使用流程与使用规范等。这样的过程就称为机电设备的使用管理，这项管理工作的目的就是根据机电设备的情况，制定合理正确地使用机电设备的守则。

因此在机电设备的使用过程中，必须强调正确使用的重要性与正确使用的意义。一方面，正确使用机电设备可以避免发生突发性事故，减少事故对人身安全的危害，降低事故发生后带来的经济损失。另一方面，正确使用机电设备可以延长机电设备的使用寿命、延缓机电设备工作能力的下降、节约维护和维修成本和减少报废损失。同时，正确地使用机电设备能够让机电设备保持较好工作性能和精度，生产出符合要求的产品。以经典的 C6140 普通卧式车床为例，能够完成车削加工工作的操作人员，都必须经过专业培训，掌握正确的使用方法，如工件的装夹、刀具的装夹、车削回转速度与进给速度的选择等。加工过程中许多看似微小的误操作，都会影响车床的加工精度、缩短车床的使用寿命。

3.1.2　机电设备合理使用的准备与条件

工欲善其事，必先利其器。放到机电设备使用管理上面，就是合理使用机电设备前，要清楚做什么样的准备工作和提供什么样的工作条件。在使用机电设备之前需做好以下准备工作：

（1）技术资料的编制。

机电设备的技术资料包含内容多，其中有机电设备的装调/维修说明讲解、机电设备的总体图、机电设备中电气部分系统原理图、机电设备中某些主要受力结构件的解析图、整机的机械传动简图、配备机电设备的装调与试验合格证明、产品的加工工艺流程、产品的规格数量等。图 3-1 为摇臂钻床技术编制中的夹紧分配阀及液压原理图。

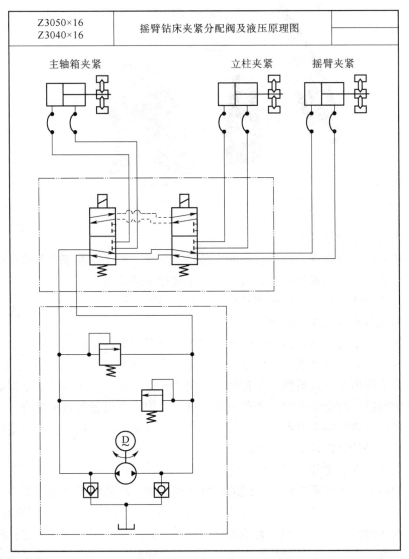

图 3-1　摇臂钻床部件技术编制简图

（2）操作人员的技术培训。

对相关的操作人员进行专业技术培训，确保操作人员能掌握正确使用机电设备的方法。企业还应当设立安全管理机构，并配备相关安全管理人员，以处理突发性事故。

（3）配备相应的维护用具。

为机电设备配备合适的维护工具，以方便操作人员或维护人员能及时开展维护保养工作。常见的工具有螺丝刀、扳手、万用表、电笔等，对于非标部件还需配备更为专业的维护工具。各种常见的维护工具如图 3-2 所示。

图 3-2　各种常见的维护工具

（4）机电设备的全面检查。

使用机电设备前应查看机电设备的安装是否正确，对于存在安全隐患的机电设备是否有安全装置等，以确保操作人员后续使用过程中的人身安全。

正确合理地使用机电设备还需具备以下几方面的条件：

（1）提高操作人员的积极性。

任何机电设备无法独自启动运行并完成工作，需要配备相应的操作人员。大部分有生产任务的企业，其产业线上的各类型机电设备主要还是依靠人员的操作和使用。因此，充分发挥出操作人员的工作积极性，调动操作人员的工作热情，是用好和管好机电设备的前提。对企业来说，需要对职工进行爱护机电设备的宣传教育，让操作人员既能合理正确地使用机电设备，也能够投入机电设备的管理中去，对机电设备负有责任心，自觉爱护机电设备，做到人机共情。

（2）配置相关机电设备。

不同的机电设备理所当然有不同的配置条件。加工高精密零件的加工中心往往需要保证环境的湿度和温度，加装控湿控温的机电设备，而专门用来下料的普通车床，则不需要这样的配置要求。同一类型的机电设备，如果其使用范围有变化，配置条件也要进行更改。例如，全自动的流水线，它在用于药品生产运输时，需要保证工作环境没有细菌且处于低温条件。而当它用在快递行业的时候，所需要的配置要求就低了许多。企业应该根据生产要求和产品的生产工艺要求与特点，合理地配备各种类型的机电设备。如果生产要求改变，产品品种、结构和数量有变化，应及时进行调整，让机电设备能适应新的生产要求。

（3）配备合格的操作人员。

要发挥操作人员的积极性，但不是每个具有积极性、责任心的人都可以成为操作人员。起重机电设备的操作人员并不一定能满足医疗机电设备操作人员的要求。这里谈的合格的操作人员具有针对性。为机电设备配备合格的操作人员，要求操作人员具有某一型号机电设备的技能水平，熟悉所要操作的机电设备和了解机电设备。一方面，从操作人员来讲，要求操作人员必须具备一定的理论知识和实操技能资格；另一方面，作为企业一方，首先要划分好机电设备类型，明确生产线上所有机电设备的性能、精度与使用范围等，并且划分产业线上各机电设备生产难易等级，再根据现有情况对操作人员做出合理调配。在我国工业生产快速发展的背景下，机电设备也在发生天翻地覆的变化，许多机电设备的结构和原理为了适应现代化的发展，不断地整合、集成，曾经的经验十足的人员，面对高科技机电设备的更新，也会手足无措，因此当下对操作人员的要求也有所提高，不光要求操作人员具有一定的文化技能水平，还要求他们能熟练掌握机电设备结构与加工工艺原理。操作人员只有丰富自身，才能不被快速发展的技术所淘汰。与此同时也对企业提出要求，不可能新出一项技术就要淘汰掉一批老员工，为此必须为机电设备的操作人员安排理论和技能两方面的培训，并为相关机电设备配备专业的技术顾问，让操作人员与操作技术与时俱进。

（4）保证机电设备的工作环境。

由"孟母三迁"的故事可见环境的重要性，对于已经投入使用的机电设备而言，更是如此。一方面，工作环境会影响机电设备的正常运转和使用期限，将不良影响的结果表现在产品上；另一方面，工作环境还将影响操作人员的情绪。机电设备如果长期处于润滑不良、高温、潮湿且布满灰尘的环境中，机电设备的加工精度会大受影响，导致产品合格率下降，使用寿命也将大打折扣，变相增加企业的维护保养投入成本。而且在这样的环境影响下，机电设备发出不良噪声，也会对操作人员的身心造成伤害，操作人员的身心健康和安全得不到保证，那么机电设备的合理使用也就得不到保证。因此，在机电设备使用期间，要配备必要的温控箱、除湿器、防尘罩并做好防腐蚀工作，为机电设备加装减振装置等。同时还需要搭配某些必要的测量仪器和安全装置，及时反映机电设备的工作情况，保持工作间良好的照明和通风，确保操作人员工作环境的良好。

（5）建立健全的规章制度。

"不以规矩，不能成方圆"，这要求生产企业必须建立和完善机电设备使用方面的规章制度。这些规章制度要涵盖机电设备的使用流程制度、机电设备操作维护制度、机电设备的使用责任制度、操作人员的考核制度等。制定和完善一系列制度后，还需要对操作人员进行宣传和教育，严格要求操作人员依据规程完成工作，这不仅能保证他们的人身安全，也能保证机电设备的使用性能。

3.1.3 机电设备的使用守则

机电设备的使用主要遵循三个使用准则，分别是定人、定机和凭证操作制度；交接班制度；"三好""四会"和"五项纪律"制度。其目的是管好用好机电设备的同时不能束缚企业的生产力。

1. 定人、定机和凭证操作制度

（1）定人、定机的规定。

定人、定机制度的对象有两个，分别是操作人员与机电设备。定人是以人为主导，即规定了某一型号机电设备的操作者；定机则是以机电设备为主导，即规定了某一操作人员能操作的机电设备。这项制度先是由车间制定好定人、定机的名单，再对相关操作人员进行考试，合格后，经过机电设备动力科同意后，方能按照提交的定人、定机名单来执行。对于精、大、稀机电设备来说，定人、定机制度的制定要更加严格，考试合格是必需的，也需要机电设备动力科同意，再是经过企业有关部门合同审查，通过后才能报给技术副厂长，批准后执行。由于这一制度的制定较为严格，因此定人、定机名单相对稳定，如果有变动，需要按照规定上报审批，批准后方能变更。原则上，每个操作人员每班只能操作一台机电设备，多人操作的机电设备，必须由值班机长负责。

（2）凭证操作制度。

学徒人员必须经过技术理论学习，并跟随师傅在操作现场学习一段时间，当师傅认为这个学徒工已经懂得如何正确使用机电设备，并掌握机电设备的维护保养时，就可以对学徒工进行理论和操作方面的专业考试，考试合格后，机电设备动力科签发操作证。对于文化水平比较低的操作人员，若其熟悉机电设备，长期在一线操作使用，工龄长，且能独立完成加工任务并能对机电设备开展装调维护等工作，可以不参加笔试，但需要以口试和实际操作的方式来进行考核，合格可签发操作证。对于公用机电设备的操作人员，应该熟悉机电设备结构、性能，车间必须明确使用小组或者是指定专人来保管，并将这些使用者的名单报送机电设备动力科备案。

2. 交接班制度

许多运用生产的大型机电设备不允许中途停机，对于这样连续生产的机电设备，可以在机电设备运行期间进行交接班。交班人，即指将下班的人员，接班人，即指将上班的人员。交班人在下班前需要把机电设备运行中发现的问题，详细记录在交接班记录表上，并且主动向接班人介绍机电设备运行情况，双方当面检查，交接完毕后，在记录本上签字。如果不能当面对接，交班人应填好交班记录表交给有关负责人签字，代为接班。若接班人接手后，发现机电设备有异常现象、记录表上记录得不清、情况不明白或是机电设备没有按照相关规定开展维护，接班人可以拒绝接班。若因交接不清楚，机电设备在接班后发生问题，则由接班人负责。

企业中所有正在使用的机电设备，都必须有交接班记录本。表3-1为某企业主通风机运行情况及人员交接班记录表。

表3-1　交接班记录表

班次	观测时间	电压/V	电流/A	通风负压/mmH_2O	排风量/(m³·min⁻¹)	轴承温度/℃	异常情况说明	交接班记录
夜班								交接内容： 交接班： 接班人：

班次	观测时间	电压/V	电流/A	通风负压/mmH$_2$O	排风量/(m^3·min^{-1})	轴承温度/℃	异常情况说明	交接班记录
早班								交接内容： 交接班： 接班人：
中班								交接内容： 交接班： 接班人：

3. "三好""四会"和"五项纪律"制度

（1）"三好"分别是管好机电设备、用好机电设备和修好机电设备。

①管好机电设备。发挥操作人员的责任感，让他们自觉遵守定人、定机制度和凭证操作制度，管好工具与附件并放置整齐，不出现损坏、丢失等情况。

②用好机电设备。机电设备不得带病运转，不能超负荷使用，也不能大机小用，精机粗用。需要操作人员严格遵守操作规程和维护保养规程，细心爱护机电设备，防止事故发生。

③修好机电设备。开展操作和维护的相关人员，要按照计划检修时间，对机电设备采取停机修理，参与机电设备的日常维护保养、一级保养、二级保养等工作。

（2）"四会"分别是会使用、会保养、会检查、会排障。

①会使用。需要操作人员熟悉机电设备结构、技术性能和操作方法，懂得加工工艺。能够合理地选择切削用量与进给速度，正确地使用机电设备。

②会保养。操作人员要按照润滑图表的规定，定期给机电设备加油、换油，保持油路畅通无阻。并且能够按要求进行一级保养，保持机电设备内外清洁，做到无油垢、无脏污。

③会检查。操作人员会检查与加工工艺有关的精度检验项目，并进行适当调整，会检查安全防护和保险装置。

④会排障。要求操作人员能通过不正常的声音、温度和运转情况，发现机电设备的异常状态，并且能够判定异常状态的部位和原因，及时采取措施排除故障。

（3）"五项纪律"要求。

①要求操作人员凭证使用机电设备，遵守安全使用规程。

②要求操作人员保持机电设备清洁，并按规定加油。

③要求操作人员遵守机电设备的交接班制度。

④要求操作人员管好工具、附件，不得遗失。

⑤要求操作人员能及时发现异常，立即停车。

3.1.4 机电设备操作规程和使用流程

机电设备的操作规程是对操作人员提出要求，而机电设备的使用规程则是对机电设备提出规定。在操作人员使用机电设备前，企业应该按照操作规程中的要求对人员进行培训，保证每一位操作人员，都能掌握正确的操作技术性规范。在操作全过程中，操作人员必须遵守操作规程中的要求。这样做不光可以确保机电设备的正确使用，也保障了操作人员的人身安全。这些要求具体包括以下几点：

（1）使用机电设备前，要求操作人员知道现场清理和机电设备状态检查的内容和要求。例如，面对一台普通的卧式车床，车床周边全是切屑，工具架上的工具摆放杂乱无章。操作人员接手这台机电设备后，必须先将车床周围环境打扫干净，工量具摆放整齐，清理干净车床车身。接着检查机电设备传动运转是否正常、各个操作手柄是否灵敏可靠等。

（2）操作人员要清楚操作机电设备所必须使用的工作器具。例如，在三爪卡盘上装夹工件要使用专门的卡盘扳手，安装车刀需要使用活动扳手等。图3-3所示为三爪卡盘及配套工具。

图3-3　三爪卡盘及配套工具

（3）机电设备运行的主要工艺参数，如机电设备的电学参数、车床的功率等。

（4）常见故障的原因及排除方法。当机电设备产生一些常见的故障时，要求操作人员能及时判断故障原因，并进行合理的处理。

（5）开车和停车的操作程序和注意事项，如车床开车时，不能带负载启动。

（6）润滑的方式和要求。要求操作人员能正确对机电设备进行润滑。

（7）点检、维护的具体要求，即指遵照机电设备的日常维护保养、一级保养、二级保养等要求。

（8）安全防护装置的使用和调整要求。对于有危险性的机电设备，要求操作人员能安装、使用和调整安全防护装置。图3-4所示为安全防护栅栏。

图 3-4　安全防护栅栏

（9）交、接班的具体工作和所要记录的内容。要求操作人员能详细完善交接班工作的记录，方便日后机电设备维护保养管理与机电设备故障的排查工作的开展。

机电设备的使用规程是根据机电设备的特性和结构特点来确定的，是对所使用的机电设备提出的规定。内容一般包括以下几点：

（1）机电设备使用的工作内容、工艺要求和技术规格，如掌握钻床的加工范围。表 3-2 为摇臂钻床的技术规格。

（2）使用者应具备的上机资格。规定操作人员所应具备的操作资格。

（3）使用者的岗位职责，划分使用人员的岗位职责，要求岗位人员遵守岗位职责。

（4）使用者必须遵守的各项制度，如定人定机制度，凭证操作制度，交接班制度等。

（5）使用者必须掌握的技能标准，如润滑卡、机电设备点检卡和定检卡的填写。

（6）操作机电设备或检查机电设备必须要具备的工器具，如螺丝刀、固定板、活动扳手、万用表等。

表 3-2　摇臂钻床的技术规格

Z3040× 16 Z3050× 16	摇臂钻床的技术规格		
主要技术规格			
产品型号		Z3040×16	Z3050×16
最大钻孔直径		40 mm	50 mm
主轴中心线至 立柱母线距离	最大	1 600 mm	
	最小	350 mm	
主轴端面至底座 工作面的距离	最大	1 250 mm	1 220 mm
	最小	350 mm	320 mm
主轴箱水平移动距离		1 250 mm	
摇臂升降距离		580 mm	

摇臂升降速度	1.2 m/min	
摇臂回转角度	360°	
立柱外径	350 mm	
主轴圆锥孔	莫氏 4 号	莫氏 5 号
主轴转速范围	25~2 000 r/min	
主轴转速级数	16 级	
进给量范围	0.04~3.2 mm/r	
进给量级数	16 级	
主轴行程	315 mm	
刻度盘每转钻孔深度	122 mm	
主轴允许最大进给抗力	16 kN	18 kN
主轴允许最大扭矩	400 N·m	500 N·m
主电机功率	3 kW	4 kW
摇臂升降电机功率	1.5 kW	
液压夹紧电机功率	0.75 kW	
机床冷却泵电机功率	0.125 kW	
机床质量（约）	3 600 kg	
机床轮廓尺寸（长×宽×高）	2 500 mm×1 040 mm×2 840 mm	

3.2　机电设备的维护管理

3.2.1　正确维护机电设备的意义

为了强调正确使用机电设备的重要性，机电设备使用管理的概念就应运而生，在此基础上，根据机电设备的种类制定使用准则，要求操作人员按照要求进行操作或使用。机电设备的维护其实更像是未雨绸缪，防患于未然，在机电设备还未出现问题之前，就将问题扼杀在摇篮之中。机电设备的维护与机电设备管理、机电设备使用、机电设备保养和机电设备维修等息息相关。与此同时，机电设备的维护也在操作人员的职责范围。将机电设备视为工作过程中紧密相关的工作伙伴，随时关注其身体状态或者工作状态，保证其在优质的状态下高效地工作，从而使人与机电设备达到共生、共情乃至共融的状态。机电设备的维护并非是随意决定的，要根据运行过程中机电设备使用的实际情况制定措施。机电设备在使用过程中会受到多因素影响，如零件的松动、干摩擦、腐蚀，或者是人为因素导致的异常损耗，这些都必然会导致机电设备的技术状态产生不断下滑，出现某些难以避免的非正常现象。这类机电设备的隐患，如果不及时处理好，就会造成机电设备的过早磨损，甚至导致严重的事故发生。

对机电设备的维护保养工作应采取强制进行的方式，要求相关人员严格督促检查，共同维护好机电设备。车间的机电设备人员和机修站人员都应该把工作重点放在机电设备的维护保养上，强调"预防为主，保养为基础"的理念。

郑秀敏：做机电设备维护就是要把机器当朋友

在浙江东南金属薄板有限公司的厂房内，郑秀敏正拿着一个千分仪给机器做点检，这样的点检，郑秀敏和他的班组每天都要进行数次，整个厂区 8~9 条生产线，众多机电设备和零件都需要郑秀敏的机电设备维护工作组进行抽样检测。

郑秀敏的工作就是由这样一次次对机电设备的检测和维护组成的，每天早上 8 点到傍晚 5 点，作为生产动力部副经理，郑秀敏除去处理办公室事务的时间，其余都泡在车间。节假日需要对机电设备进行计划性的检修，有时候做一次检修和保养甚至需要两三天时间，郑秀敏基本把所有的时间都放在车间，这也一定程度上引起了家里人的埋怨。"一方面是习惯了，这十多年都是在车间内度过的，另一方面做机电设备维护的就是要跟机电设备多接触才能知道机电设备哪儿'病了'，哪儿需要'调理'。"郑秀敏对此却看得很开。

今年 7 月，是郑秀敏大学毕业的第十年，也是他加入公司的第十年。十年前，郑秀敏毅然选择远离家乡来到杭州，十年后，郑秀敏依然以十年前的热情投入工作中。

"把每一个机器都当成朋友，才能熟悉他们的习性，在维护中才能一眼找出病症所在。"说起机器维护郑秀敏眼里都泛着光。在他的手中，除去每天常规的检查和保养外，整条流水线的机电设备保证一个月最多停产检修一次，大大地节约了企业对机电设备维护的成本。做到这一步，郑秀敏并不是一蹴而就的。每当厂里进新机电设备，郑秀敏都会花半年到一年的时间，熟悉机电设备，与机电设备厂家交流，摸透机电设备的每一个部件，每一个环节，确保出了问题能顺利找出症结。面对大家夸赞这就是工匠精神，郑秀敏显得很谦虚："做事就是要有热情，并且能坚持地做下去。"在郑秀敏的班组，每一个新人都会有一个师傅进行老带新的指导，师徒间除了技术上的指导，郑秀敏更看重的是能把做事的热情和坚持传承下去。

"他是我们企业的骨干，我们公司的机电设备多数是国外进口的，机电设备成本比较高，机电设备维护是很重要的，机电设备有故障我们的生产就要停下来，这些年在他们的努力之下还没有发生过类似的情况。"企业负责人表示。

如今，随着工厂内机电设备的自动化程度不断提高，郑秀敏期待着能为企业做更多的事情，通过进行更好的保养和维护，保证机电设备自动化生产更长的时间。

3.2.2　机电设备维护的要求

机电设备的维护与保养，顾名思义就是通过对机电设备进行润滑、清洁、微调等方式，维持和保证机电设备的性能和技术状况，从而达到维护保养机电设备的目的。现阶段企业中常采用全面生产维护（Total Productive Maintenance，TPM）来进行机电设备的维护保养管理。这项程序概念的目标是最大限度提高生产效率，以"5S活动"为基础，把总经理到一线员工全体成员作为主体，采用相互连接小组活动形式推行生产维护，以机电设备及物流为切入点，构建思考创造整合有机的生产体系。图3-5为机电设备全面维护管理流程。

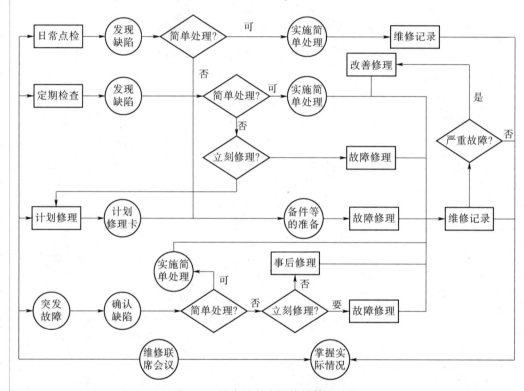

图 3-5　机电设备全面维护管理流程

对于初学者或者首次学习操作机电设备的人员而言，会简单地误认为机电设备的维护就是定期地给机电设备擦灰、抹油。其实非然，机电设备的维护不仅仅包含了对机电设备进行打扫卫生和润滑，还涵盖了其他方面。机电设备维护保养的要求，主要有以下四项：

（1）清洁。

保持机电设备整体的干净与整齐，清除各接触面的油污，检查电气系统是否密闭。在完成加工任务后，要将机电设备周围的灰尘、切屑等清理干净。

（2）整齐。

用完后的工具、附件、工件（产品）要摆放整齐，机电设备周边的管道、线路排布要有条理，不能杂乱布置。

（3）润滑良好。

机电设备的操作人员要根据维护保养要求，按时给机电设备加油或者是换油，保证不断油，没有干摩擦现象；同时要检查油压是否正常、油标是否明亮，保证油路畅通、油质符合要求；此外，需要定期对油枪、油杯、油毡进行清洁。

（4）安全。

操作人员必须遵守安全操作规程，不能超负荷使用机电设备，在保养过程中检查机电设备的安全防护装置是否齐全可靠，及时消除发现不安全因素。

良好的管理、使用、保养以及维修机电设备等各项工作，都需要建立在正确维护好机电设备的基础上。机电设备的日常维护保养是机电设备维护的基础工作，要求相关人员必须做到制度化和规范化。企业要对机电设备的定期维护保养制定工作定额和物资消耗定额，并按照制定的定额来进行考核，不仅要关注机电设备的生产情况、检查机电设备的使用情况，更是需要将机电设备定期维护保养工作纳入车间承包制的考核范围内。

定期检查又称为定期点检，机电设备定期检查是一种有计划的具有预防性的检查工作，这项工作根据方式的不同，有着多种多样的形式。其中，最为简单的是通过听觉辨别、通过视觉观察、通过触觉感受等，这些都属于感官检查。虽然感官检查具有直接且高效的优点，但是这种检查方式所包含的主观性较强，并不能为机电设备的检查提供一个相对准确的结果。因此，感官检查只能作为机电设备的初步检查方式，在此基础上还需要增加一些客观的检查方式来确保检查结果的准确性。

凡事都需要按照规章制度执行，机电设备的维护也不例外，应该按照设备维护规程进行。所谓的机电设备维护规程，就是针对机电设备日常维护方面，列出具体的要求和规定。严格且持续按照机电设备维护规程执行，不仅可以延长机电设备的使用寿命，还可以为操作人员的安全提供保障，同时工作环境的舒适性也得到了进一步的提升。机电设备维护的规程需要包含以下三点内容：

（1）需要机电设备在维护之后，达到整齐、清洁、坚固、润滑、防腐、安全等要求，同时也需要严格执行规定的作业内容和作业方法，具体的使用作业器具及特定材料，并通过机电设备维护规程的实施，制定维护预期标准和注意事项。

（2）规定日常检查维护及定期检查的部位、方法和标准。

（3）制定检查和评定操作人员维护机电设备程度的内容和方法。

3.2.3　机电设备维护保养的分类

随着时间的推移，机电设备在使用过程中慢慢达到使用疲劳极限，这个过程就称为机电设备的使用期限。为了能够使机电设备最大限度地为生产力做贡献，就必然需要在机电设备使用过程中对其进行专业的保护，需要操作人员定期地去做一些维护与保养，以使得机电设备能够保持正常运行。

机电设备的维护在保养程度方面应该遵循三级保养制度，在此之前，需要先了解计划预修制。计划预修制的概念起源于20世纪30年代，计划预修制的建立是以预防为主为原则，根据机电设备的磨损规律，对机电设备进行计划的维护、检查和修理，以保证机电设备保持完好的状态。到了 60 年代中期，我国的专家对苏联的计划预修制进行针对性的总结，取其精华去其糟粕，并且根据我国的实践基础，逐步完善和发展出一套关于机电设备维护管理方面具有中国特色的保养修理制度，即为三级保养制度。它的建立体现了我国机电设备维修管理的重心由修理向保养转变，同时也反映了我国在机电设备维修管理方面的进步。图 3-6 为机电设备维护发展史。

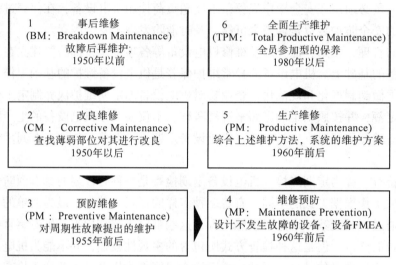

图 3-6 机电设备维护发展史

机电设备的三级保养制度可以划分为以下三个内容：机电设备的日常维护保养；一级保养；二级保养。

1. 机电设备的日常维护保养

机电设备的日常维护保养一般又可以分为日保养和周保养，或者称之为日例保和周例保。日保养，顾名思义就是需要机电设备的操作人员每天完成的保养工作，包含了以下三个方面：

（1）开机前检查。在机电设备操作人员上班前，首先要消化零件的图样资料，检查交接班记录；其次，将机电设备擦拭干净，按规定要求给机电设备润滑加油；接着，检查手柄的位置和手动运转部位是否调节正确、有无卡顿，安全装置的安装是否可靠；最后，低速运转机电设备，检查传动是否正常，润滑和冷却通道是否畅通。完成方可跟轮班的同事交接工作。

（2）开机间歇注意。在上班期间，要注意机电设备的运转声音，注意机电设备的温度、压力、液位、电气、液压、气压系统，注意仪表信号，注意安全保险等是否正常。

（3）停机后工作。操作人员在完成加工任务后，应该及时关闭运行开关，将所有的手柄归为零位；清除机电设备上的铁屑、脏物，把机电设备导轨面和滑动面上的油污清理干净，清扫完毕之后再对机电设备需要润滑的部位添加润滑油；清扫工作场地周围的垃圾，整理量具、夹具等；最后，填写交接班记录和机电设备运转情况记录，办理完成交接班手续。表 3-3 为某企业行车日常维护保养点检记录表。

表3-3 某企业行车日常维护保养点检记录表

行车编号：　　　　名称：　　　　部门：

项目	序号	点检方法	点检部位	点检内容	每日点检情况记录																										
					1	2	3	4	5	6	7	8	9	10	11	12	13	14	15	16	17	18	19	20	21	22	23	24	25	26	27	28	29	30	31
机械系统	1	看/试	吊钩	灵活无卡绊，防松装置																												
	2	看	导绳器	导绳器无松动、无损坏																												
	3	看	制动器	无松动损环，液压油量																												
	4	看	钢丝绳	无杂乱绳索，润滑良好																												
	5	看/听	联轴器	齿轮无磨损，异响																												
	6	看/试	滑轮组	灵活与否，偏斜，轴无磨损																												
	7	听	减速器	减速器润滑良好，无异响																												
	8	看	各部位螺钉	螺钉无松动，弹簧垫压紧																												
	9	听	车轮	行车行走声音是否正常																												

项目	序号	点检方法	点检部位	点检内容	每日点检情况记录																														
					1	2	3	4	5	6	7	8	9	10	11	12	13	14	15	16	17	18	19	20	21	22	23	24	25	26	27	28	29	30	31
电器系统	10	看	显示器	指示灯正常，显示板正常																																
	11	试	按钮	各方向动作灵敏，可靠																																
	12	看	电缆	电缆线无外伤，无老化																																
	13	试	急停按钮	急停按钮是否正常																																
	14	试	限位器	高度限位器是否正常																																
	15	看	过载仪	吨位过载仪是否正常																																
卫生	16	看	场所	工作结束保持场地"5S"合格																																
安全	17	看	安全装置	安全标志与消防器材齐全																																
	18	看	安全装置	防护罩、限位开关、门窗等安全装置是否正常																																

符号："√"完好；"△"异常；"×"待修；"○"修好　　　　点检人：

完成日保养之后，还需要每周对机电设备开展保养工作，即为周保养。一般来讲，普通机电设备需要保养两个小时，精、大、稀设备需保养四个小时。机电设备的周保养包含以下几个方面：

（1）机电设备外观。

每周要将机电设备的导轨、机电设备的传动部位和显露在外面的部分擦干净，打扫干净工作场地。让整个机电设备干净无死角、不被氧化腐蚀，保证机电设备运行周围环境干净整齐。

（2）机电设备传动。

机电设备的操作人员需要检查机电设备各个部位的状况，对松动的部位进行紧固，调整配合间隙，检查机电设备的互锁情况等。

（3）机电设备油路。

每周需要将机电设备的油线、防尘毡、过滤器等进行清洗；检查油箱，根据使用要求进行适当添加，此外，需要对油箱的油质进行检查，及时更换；检查液压系统，液压系统中，不光有管道，还连接着各式各样的液压阀，液压阀如堵塞，机电设备将无法正常工作，因此，应保持液压系统内油质清洁，油路畅通，且保证无渗漏以及没有颗粒杂质的研磨损伤。

（4）机电设备电气。

操作人员需要每周擦拭电动机、蛇皮管的表面，保证电气系统的完整和清洁，同时还应检查绝缘和接地是否可靠，以保证操作人员在使用机电设备时不会触电。

2. 一级保养

以操作人员为主，维修人员协助，按照计划对机电设备的局部进行拆卸和检查，清洗规定的部位，疏通油路、管道，更换或清洗油线、毛毡、过滤器，调整机电设备各连接部位的配合间隙，对机电设备需要的部位进行紧固。

一级保养所用时间在四至八小时，保养结束后若问题未解决，需要在保养完成后将未解决的缺陷做好记录并标明，由车间机械员组织验收。一级保养范围是企业全部在用机电设备，对重点机电设备执行更严格的维护。一级保养的目的是减少机电设备磨损，消除隐患，延长机电设备的使用寿命，为机电设备完成到下次一级保养期间的生产任务提供保障。

3. 二级保养

与一级保养有所不同的是，二级保养以维修人员为主，操作人员协助完成机电设备维护工作。二级保养需要对机电设备进行局部肢解检查并修理，更换或修复消耗磨损零件，检查并修理油路、电路、气路等部分，使得机电设备的技术状况，全面达到规定机电设备完好标准的要求。二级保养所用时间一般为一周左右。二级保养完成后，维修人员需要对机电设备的检修进行详细的记录，且务必将检修记录移交给车间机械员和操作人员，顺利完成验收后，将验收单备案存档。二级保养的主要目的是让机电设备达到完好的标准，提高和巩固机电设备完好率，延长大修周期。

3.2.4　精、大、稀及动力设备的使用维护要求

对机电设备开展保养工作时，将精、大、稀及动力设备与普通的机电设备进行区

分，其中精、大、稀及动力设备的保养花费时间比普通的机电设备花费的时间长得多，且精、大、稀及动力设备的保养范围也要广得多。这是因为企业采购这类精密的、大型的、稀有的、动力设备投入的成本高，这类机电设备生产的产品精度高、生产的效率高，有的生产出来的产品甚至具有唯一性，有的决定了企业的生产动力，这就注定了这类机电设备的高价值。企业要想延长机电设备的使用寿命，节约维修成本和避免事故停产损失，除了正常使用和维护保养外，还要根据机电设备的特殊性，提高维护保养要求。

对于精、大、稀设备而言，维护保养过程中需要满足"四定"工作，"四定"工作包含了以下四项内容：

（1）规定操作人员。在机电设备使用管理中，要求企业严格执行定人定机制度和凭证操作制度，对于机电设备的维护保养管理也同样受用。机电设备的维护管理中也要求执行定人定机制度，在挑选精、大、稀设备的操作人员时，要求相关的操作人员能完全承担工作任务，具有扎实的专业知识与高超的技能水平，同时还需要很强的责任心和丰富的实践经验，并且尽量保证操作人员技能水平的稳定。

（2）规定检修人员。拥有精、大、稀设备较多的企业，应组织建立专门针对精、大、稀设备的维修组或修理组，负责对精、大、稀设备的检查、精度调整、维护、修理等工作。

（3）规定操作规程。精、大、稀设备的操作要求比普通机电设备高得多，要求操作人员严格按照操作规程执行。

（4）规定备品配件。根据各种精、大、稀设备在企业生产中的作用及备件的来源情况，确定储备的定额，使用过程中如果需要更换配件，就能优先快速解决。

除了"四定"工作，精密机电设备在使用维护过程中还需要满足以下六点要求。

（1）单位在购入机电设备后，安装人员必须严格按照说明书规定安装机电设备，避免由于安装不当所带来的机电设备精度问题。

（2）严格按照使用环境对机电设备进行安装和使用。对环境有特殊要求的机电设备，购买机电设备单位应安装满足机电设备使用环境的装置，并配备工具以及仪器。

（3）精密机电设备在日常维护保养中是不允许拆卸零部件的。精密的机电设备保养，不能拆卸。如果使用过程中发现异常，应该立即停车，不能让机电设备带病运转，以免产生更严重的后果。

（4）操作人员必须严格执行机电设备说明书规定的切削规范，只允许按照直接用途进行零件精加工，加工余量要尽可能小。

（5）机电设备不工作期间要增加防护罩，长时间停歇，应定期进行保养与空运转。

（6）机电设备的附件和专用工具要用专用柜子或架子摆放，并且保持清洁，防止研磨，由于精密机电设备的特殊性，与它配套的附件和工具是不能外借使用的。

动力设备是企业的关键机电设备，这类机电设备主要是负责能量的转换。动力设备可以分为动力发生机电设备、动力运输机电设备和动力消耗机电设备。以水电站为例，它的动力设备主要是将水流的动能转换为电能，火电站的动力设备是通过燃烧将化学能转换为电能，因此发电站的类型不同动力设备也就不同。这些负责能量转换的动力设备就属于动力发生机电设备。而变压器、整流器等属于动力运输机电设备。动力设备也可以是将电能转换为机械能的机电设备，最常见的就是电动机，它属于是动力消耗机电设备。这类动力设备运行期间一般都伴随着高温、高压，易燃、有毒等危险因素，企业要想保证安全生产，并且有连续、稳定的动能供应到生产线上，就必须对动力设备的要害部位做足工作。动力设备的使用维护有以下几项要求：

（1）凭证操作。

（2）完整的技术资料、安全运行技术规程和运行记录。

（3）操作人员在值班期间应随时进行巡回检查，不得离开工作岗位。

（4）动力设备在运行过程中出现不正常情况时，值班人员要根据操作规程进行紧急处理，并及时报告上级。

（5）保证各种指示仪表和安全装置灵敏准确。

（6）动力设备跟精密机电设备一样，不可以带病运转，只要发生故障，不论大小，必须先处理完故障，再继续工作。

（7）维护人员应定期给机电设备进行预防性试验和季节性检查。

（8）企业要定期组织培训，对值班人员进行安全方面的知识教育，严格执行安全保卫制度。

3.2.5　机电设备的区域维护

维修人员需要承担擅长区域内的机电设备维修工作，不仅要与操作人员协同互作，完成常态化维护、周期性维护、故障检查与排除、机电设备维修计划等工作，而且还要作为主要负责人，承担管辖区域内的机电设备良好率以及故障率的指标考核任务。因此，机电设备的区域维护又可称为维修人员包机制。其主要工作任务为：

（1）负责本生产区域内工作机电设备的维修与护理，从而能够保证机电设备完好率以及故障停机率等指标的完成。

（2）严格按照制度进行周期性检查，引导并督促操作人员做好常态化维护和周期性维护的工作。

（3）由车间机械操作员指导，参加机电设备工作状态的检查与调整，开展故障分析等工作。

区域维护组是以机电设备维护组织的形式存在，其优点在于：当相应区域内完成应急措施时，仍然具有灵活的可调配性，使得机电设备能够在最短的时间内恢复工作状态，从而减轻因故障停机导致的损失。相关人员在值班时，在并无他人调度的前提下，可以完成该区域内各项预防作业和机电设备维修计划工作。根据不同的划分标准，机电设备维护区域可以有不同的分类，可将车间机电设备划分成若干区域，但是需要考虑到很多因素，如生产机电设备的分布、机电设备运转状况、机电设备产能需求等。同样，也可以按照机电设备的类型进行分类，如流水生产线的机电设备应该按照机电设备生产类型划分维护区域。了解了机电设备维护的重要性，各种机电设备的维护保养方法以及维护保养规程等。在掌握了基本维护保养方法的前提下，如何提高维护保养机电设备的水平将是一个值得考虑的问题。引入了"三化"措施，分别为规范化、工艺化和制度化。

（1）规范化。规范化要求企业对于机电设备的维护内容要统一，要规范。操作人员应摸清机电设备的损耗规律，了解每台机电设备的使用情况，制定出相应的维护保养方面的规章制度。

（2）工艺化。工艺化要求维护保养人员要根据机电设备的不同，制定相应的维护工艺规程，并按照规程进行维护，特别是在部分解体机电设备时，一定要把握保养流程，不做无用功，不将机电设备拆坏。

（3）制度化。制度化就是根据机电设备的不同、机电设备工作条件的不同，制定出适合机电设备的维护周期和维护时间，并严格执行。企业应发动普通员工开展机电设备维护工作，及时进行自我检查、互相检查，定期组织开展机电设备大检查。

3.2.6 机电设备维护的检查评比

机电设备的维护保养管理工作需要更有效地开展，将机电设备管理工作映射到工作人员的内心中，做到谁使用谁负责，谁管辖谁负责。生产单位为了能够鼓励每个部门以及在岗操作人员做好维护保养工作，应该适当地举行针对机电设备维护保养方面的评比活动。同时推广到单位全范围评比，由单位分管生产领导提议，各部门主管领导根据不同机电设备的维护保养要求，负责制定评比标准，以告知各部门操作人员以及维修人员，并定期组织检查评比活动。通过检查评比，将每次考核的结果在单位公示榜公布，并对优秀的团体及个人进行奖励，对不达标准的现象追究到个人进行惩罚。由此形成单位的一种文化形式，可以达到推动素质生产和全民维护保养活动开展的目的，而且还可以使机电设备的完好率维持在较高的水准。表3-4为某企业生产机电设备维护人员考核评分表。

表3-4　某企业生产机电设备维护人员考核评分表

受考核者岗位：　　　　　　姓名：　　　　　　工龄：　　　年　　月　　日

序号	考核项目	考评参照基准	得分	实评得分
1		完全能积极主动正确地对生产机电设备进行维护保养	10	
2		基本能积极主动正确地对生产机电设备进行维护保养	8	
3	工作态度	在相关人员的调度下会对生产机电设备进行维护保养	6	
4		在相关人员的调度下会完成部分生产机电设备维护保养	4	
5		机电设备维护工作完全不主动不积极且有消极行为	0	
6		完全能独立解决生产机电设备出现的机械或电气故障	10	
7		基本能独立解决生产机电设备出现的机械或电气故障	8	
8	工作技能	在相关人员指导下可以解决生产机电设备出现的问题	6	
9		在相关人员的指导下可以解决部分生产机电设备出现的问题	4	
10		在相关人员的指导下无法解决生产机电设备出现的问题	0	

学习笔记

序号	考核项目	考评参照基准	得分	实评得分
11	沟通能力	完全能与公司上下进行良性沟通并做出正确反应	10	
12		基本能与公司上下进行良性沟通并做出正确反应	8	
13		有时能与公司上下进行沟通但效果不佳	6	
14		有时能与公司上下进行沟通但没有结果	4	
15		不能与公司上下进行沟通	0	
16	出勤状况	除出满全勤外，可根据生产需要进行加班	10	
17		能出满全勤，有时能根据生产需要进行加班	8	
18		能出满全勤，但不能按公司任务加班	6	
19		有时会旷工、迟到、早退、串岗、脱岗	4	
20		经常旷工、迟到、早退、串岗、脱岗	0	
21	成本意识	有极强的成本意识，能合理使用维护材料与配件	10	
22		有一定的成本意识，基本能合理使用维护材料与配件	8	
23		有一定的成本意识，有时不能合理使用维护材料与配件	6	
24		在相关人员的指导下能正确合理使用维护材料	4	
25		在相关人员的指导下无法正确合理使用维护材料	0	
26	组织纪律	能完全服从组织安排并严格遵守公司规章制度	10	
27		基本能服从组织安排并遵守公司规章制度	8	
28		有时不服从组织安排及偶尔会违反公司规章制度	6	
29		经常不服从组织安排及经常违反公司规章制度	4	
30		完全不服从组织安排及消极对待公司规章制度	0	
31	任务执行	完全能积极主动正确地完成组织下达的工作任务	10	
32		基本能积极主动正确地完成组织下达的工作任务	8	
33		有时不能积极主动正确地完成组织下达的工作任务	6	
34		经常不能完成组织下达的工作任务	4	
35		完全不能完成组织下达的工作任务	0	
36	维修计划	完全能有计划性地对生产机电设备进行维护保养	10	
37		基本能有计划性地对生产机电设备进行维护保养	8	
38		在按相关人员的指导下能有计划性地对生产机电设备进行维护保养	6	
39		按相关人员的计划能对生产机电设备进行维护保养	4	
40		维修中根本没有计划，完全听从他人指导与监督	0	

序号	考核项目	考评参照基准	得分	实评得分
41	合理建议	能主动根据生产机电设备运行状况提出合理有效的建议	10	
42		在相关人员的指导下能提合理化意见与建议	8	
43		在相关人员的指导下有时能提合理化意见与建议	6	
44		很少提合理化意见与建议	4	
45		没有合理化建议与意见	0	
46	团队精神	能与他人积极配合并圆满完成相应的工作任务	10	
47		能与大部分人配合并圆满完成相应的工作任务	8	
48		只能与一部分人配合完成相应的工作任务	6	
49		只能与极少数人配合完成相应的工作任务	4	
50		很难与他人共同合作完成工作任务	0	

※请参评人员在对应的栏目中打勾然后合计分数。

参评：　　　　　　审核：　　　　　　　总分合计：

针对机电设备维护保养的检查情况，可以根据考核范围分为车间部门考核和厂内单位考核。车间部门考核，开展于工作车间内部，主要检查机电设备操作人员的合格使用及日常维护情况。检查评比活动以鼓励先进为主，可以采取周检月评的方式，即每周检查一次，每月进行评比，由车间负责，对成绩优良的团体和个人予以奖励。另一种方式则为厂内单位考核，这项考核是在整个厂区内各个单位之间开展的，主要是以机电设备管理、计划检修、合理使用、正确润滑、认真维护等作为主要内容。采取季评比、年总结的方式。对成绩突出的部门和个人予以奖励。对于厂内单位考核来说，主要考核以下四点内容：

（1）检查车间的机电设备管理工作，如机电设备台账、报表、交接班记录和操作证等。

（2）检查三级保养工作的开展情况、各级保养计划的完成情况及保养的质量。

（3）检查机电设备事故问题，如机电设备事故的频率与维修情况等。

（4）评比机电设备完好率及完好机电设备抽查合格率。

在机电设备考核中，考核人员根据完好标准对机电设备进行抽查。根据既定的评判指标，对机电设备完好情况进行认定。有以下三种情况：

（1）若是完好标准的主要项目中有一项不符合要求，该机电设备为不完好机电设备；

（2）若是完好标准的次要项目中有两项不符合要求，这台机电设备依旧为不完好机电设备；

（3）若操作人员在考核后，根据检查结果将不完好机电设备进行整改后，达到机电设备完好标准，该机电设备则为完好机电设备，但是认定前提是需要将整改问题详细记录下来。

机电设备的检查评比需要对机电设备完好率进行准确计算，机电设备的完好率计算为：

$$机电设备完好率 = \frac{完好设备台数}{主要生产设备台数} \times 100\% \qquad (1)$$

对于机电设备较多的单位，若每台都考核，会非常耗时耗力。因此可以通过按比例抽查的方式，预估机电设备的完好率，即完好机电设备抽查合格率。值得了解的是，机电设备的样本抽查比例应该是总台数的一至两成。由此可以计算得出完好机电设备抽查合格率：

$$抽查合格率 = \frac{抽查设备合格台数}{抽查设备总台数} \times 100\% \qquad (2)$$

由式（1）和式（2）综合可得出抽查完好率，即为：

$$抽查后完好率 = 设备完好率 \times 抽查合格率 \qquad (3)$$

不论是以车间还是单位考核，最后针对考核内容，完成评比工作后，都要设置评比称号，如机电设备维护先进个人、先进集体，机电设备维修先进个人和先进小组或者是机电设备工作先进车间等，并对获得先进称号的个人和集体予以奖励。

3.3　机电设备的安全管理

机电设备是现代化生产的核心。然而随着生产率的提高，机电设备反而会给生产现场带来危险。机电设备的安全管理一方面是为了保障使用人员的人身安全，降低事故危害性；另一方面从企业出发，管控好机电设备的事故问题既能减少机电设备事故带来的停产费用，也能减少机电设备维修费用投入，降低机电设备的报废率。

3.3.1　机电设备安全管理的意义

开展机电设备的使用管理和机电设备的维护管理工作的前提是机电设备能正常运行工作，不因为某些问题而迫使生产线停止，导致企业重大损失，这些问题可以是噪声、润滑不良或零部件松动，通过维护保养就能解决并让机电设备恢复正常。机电设备或者机电系统在使用过程中，因为某些原因，导致生产功能的丧失，就称作机电设备故障。机电设备故障又可以分为磨损性故障、腐蚀性故障、断裂性故障及老化性故障。在目前，现代化发展越来越快速，很多机电设备都趋于复杂化，但由于制造质量还存在缺陷，加上人员操作经验不足，管理方法还未适应新型的机电设备，因此机电设备在运转过程中，故障发生的概率也越来越高。机电设备发生故障后，需要聘请专业的维修技术人员对故障进行评估及修理，势必会造成长时间的停机。其间企业既要增加成本投入，还要解决因为机电设备故障而打破生产节奏的问题。因此全面掌握机电设备的技术状态，更加全面地开展维护工作，提高机电设备的可靠率与利用率，开展机电设备安全管理，即机电设备故障管理，引入机电设备故障全过程管理手段极为重要。图3-7为机电设备故障全过程管理流程。

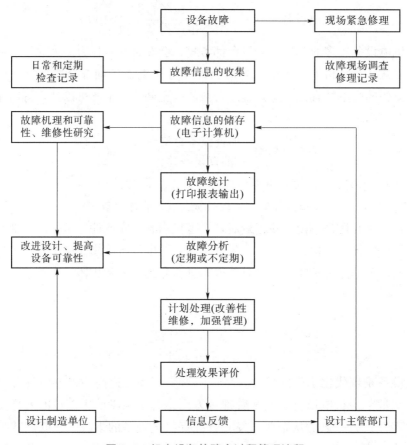

图 3-7 机电设备故障全过程管理流程

　　机电设备故障的产生，受到多种因素的影响，如设计制造的质量、安装调试的水平、使用的环境条件、维护保养情况、操作人员的素质等。了解和研究故障发生的宏观规律，分析故障形成的微观机理，采取有效的措施和方法，控制故障的发生，这就是机电设备的故障管理。机电设备故障管理对于生产效率极高的大型的、连续的、自动化的机电设备来说更为重要。现如今，高度现代化机电设备往往具有高速、大型、连续、自动化的特点。面对生产率极高的机电设备，故障停机会带来很大的损失。在大批量生产的机械流程工厂中，防止故障的产生，减少故障停机时间，保持生产节奏的稳定非常重要。机电设备故障管理不仅可以减少维修工作的人力、物力和时间投入，还能保持较高的生产率，创造出应有的经济效益。对化工、石油、冶金等方面的工业，机电设备的局部异常会导致整机停转或者是整个自动生产线的停产，严重的甚至会因为局部的机械、电气故障或者是泄漏问题导致重大事故的发生，以致污染环境，破坏生态平衡。因此，随着机电设备现代化水平的提高，加强机电设备故障管理，防止故障的发生，保持高效的正常运转，具有重要意义。

日本福岛核泄漏事故

2011 年 3 月 11 日 14 时 46 分在日本仙台以东 130 km 的海域发生了 9.0 级大地震，震源深度达到约 25 km。这次地震造成日本东北海岸四个核电厂的共 11 个反应堆自动停堆。

地震发生之前，福岛第一核电厂 6 台机组中的 1、2、3 号处于功率运行状态，4、5、6 号机组在停堆检修。地震导致福岛第一核电厂所有的厂外供电丧失，三个正在运行的反应堆自动停堆，应急柴油发电机按设计自动启动并处于运转状态。地震引起海啸，浪潮冲破了福岛第一核电厂的防御设施，深入电厂内部，造成除一台应急柴油发电机之外的其他应急柴油发电机电源丧失，核电厂的直流供电系统也由于受水淹而遭受严重损坏，仅存的一些蓄电池最终也由于充电接口损坏而导致电力耗尽。同时，海啸及其夹带的大量废物对福岛第一核电厂现场的厂房、门、道路、储存罐和其他厂内基础设施造成重大破坏。事故影响超出了电厂设计的范围，也超出了电厂严重事故管理指南所针对的工况。由于丧失了把堆芯热量排到最终热阱的手段，福岛第一核电厂 1、2、3 号机组在堆芯余热的作用下迅速升温，锆金属包壳在高温下与水作用产生了大量氢气，在地震发生后的几天里接连地引发了一系列爆炸。爆炸对电厂造成进一步破坏，使操作员面临的情况更加严峻和危险，由于现场工作环境非常恶劣，许多抢险救灾工作都以失败告终。无奈之下，东京电力公司只能陆续向 1、2、3 号机组堆芯注入海水，以阻止事态的进一步恶化。

随后，福岛第一核电厂建立了淡水供应渠道，开始向所有反应堆和乏燃料池注入淡水。试图通过冷却堆芯的方式回收核污水，截至目前日本已经储存了上百万吨放射性核废水。然而由于东京电力公司的管理漏洞，福岛核电站曾前后三次发生核污染废水泄漏事故，导致储水罐泄漏出大约 1 000 t 污水。

这场特大地震与海啸对整个日本东北部造成了不可估量的损失，约 20 000 人死亡或失踪，成千上万的人流离失所，对日本东北部沿海地区的基础设施和工业造成巨大的破坏。核泄漏使海洋生态受到严重污染，让周边国家防不胜防。如何处理这么多核废水以及取出高放射性的核燃料残渣，不仅是日本福岛核电站面临的最大问题，也是整个地球生态面临的问题。

3.3.2　机电设备故障的信息处理

只要是机电设备就一定会有出现状况的时刻，所以大多数机电设备在使用寿命期间都需要制订维修计划。为了全面掌握机电设备状态，搞好机电设备维修，改善机电设备的可靠性，提高机电设备的利用率，就必须对机电设备进行故障管理。既然是做故障的管理工作，那么收集机电设备的故障信息就是一切的前提。故障信息应从三个方面入手，第一，怎么收集，也就是收集的方式方法；第二，收集什么信息？就是关注收集故障信息的内容；第三，收集到的信息怎么处理？

1. 收集信息的方式方法

当生产现场的机电设备出现故障后，操作人员应填写故障信息收集单并交给维修组去排除故障。对于没有故障信息收集单的单位，也可以将现场维修情况作为故障修理信息。随着机电设备现代化程度的提高，对故障信息管理的要求也在不断提高。机电设备的现代化程度提高，导致了故障的复杂化，因而要求故障停工单据统计的信息量扩大。由于机电设备成本高、精度高，要求统计的信息要准确无误。收集机电设备故障信息时，要将各个参量进行编号，从而方便使用计算机来展开管理工作。收集到的信息必须保证其准确性，不因人员的差异性影响故障信息的准确性。

2. 收集故障信息的内容

可以从六个方面来开展，分别是故障的时间信息、现象信息、部位信息、原因信息、性质信息和处理信息的收集。

（1）故障时间信息的收集。需要统计故障机电设备开始停机的时间节点，开始修理的时间点，还有修理完成的时间点。

（2）故障现象信息的收集。机电设备发生故障，故障现象只是故障的外部表现形式，故障现象与故障的原因是息息相关的。当异常现象出现后，操作人员应完整记录故障过程，为故障分析提供真实可靠的原始依据。

（3）故障部位信息的收集。故障信息收集需要确切掌握机电设备故障的部位，由此了解机电设备各部分的设计、制造和安装质量等，为改善维修、机电设备改造和提高机电设备素质提供依据。

（4）故障原因信息的收集。机电设备产生故障的原因往往很多，比如，机电设备的设计、制造、安装存在缺陷，生产的材料选用不当或者是有缺陷，使用过程中机电设备的磨损、变形、疲劳等，或者是一些环境因素，都可能导致机电设备故障的产生。

（5）故障性质信息的收集。机电设备的故障性质可以分为两种：硬件型故障和软件型故障。即机电设备生产出来就存在的问题和环境和人员的素质等原因造成的故障。

（6）故障处理信息的收集。机电设备发生故障，应进行紧急处理或是根据故障情况开展计划检修与机电设备技术改造，并汇总处理信息。

3. 故障信息的储存与统计

开展机电设备故障动态管理后，信息数据统计与分析的工作量将不断增加。单纯地依靠人工填写、运算、分析、整理，不仅工作效率很低，而且容易出现错误。因此采用计算机储存故障信息，开发机电设备故障管理系统软件，就是必不可少的手段。软件系统可以包括机电设备故障停工修理单据的输入模块；随机故障统计分析模块；根据企业生产特点建立的周、月、季度故障统计分析模块；维修人员修理时定额考核模块等，都可以成为有效的辅助机电设备管理。在开发故障管理软件时，还要考虑机电设备的使用寿命，建立一个包含使用管理、维护管理、故障管理、润滑管理等的大系统，将故障管理看成是机电设备管理的一个子系统，并且建立与其他子系统的相互联系。同样，机电设备故障信息输入计算机后，管理人员应该根据工作需要，打印输出各种表格、数据、信息，为分析、处理故障，搞好维修和提高可靠性、维修性研究提供依据。

3.3.3 机电设备故障的分析

收集信息的目的是分析产生故障的原因，采取有针对性的手段解决机电设备的故障问题。一般情况下，故障分析都是从故障现象入手的。通过分析各种故障产生的原因和机理，找出故障随着时间变化的宏观规律，判断故障对机电设备的影响，从而预测、预防机电设备故障的发生，控制和消灭故障。表3-5为某型号立式加工中心 X-Y 轴进给系统的故障与排障方法。

表 3-5　立式加工中心 X-Y 轴进给系统故障与排障方法

序号	项目	故 障 现 象	故 障 原 因	故 障 排 除
1	X 轴进给系统	X 轴电机报警	1. 电机编码器损坏 2. 电机损坏 3. 电机线插头松动 4. 电缆老化	1. 更换编码器 2. 更换电机 3. 插紧电机插头 4. 更换电缆
		X 轴限位报警	1. 行程开关线老化导致导线折断 2. 行程开关损坏	1. 更换行程开关导线 2. 更换行程开关
		X 轴回零报警	1. 开关线老化导致导线折断 2. 开关损坏	1. 更换行程开关导线 2. 更换开关
		定位不准确，反向间隙过大	1. 滚珠丝杠轴承锁紧螺母松动 2. 联轴器螺钉松动或有油 3. 联轴器损坏 4. 滚珠丝杠磨损	1. 锁紧锁紧螺母 2. 锁紧联轴器螺钉或除油 3. 更换联轴器 4. 调整滚珠丝杠螺母预紧或更换丝杠
		X 轴有异响	1. 滚珠丝杠轴承锁紧螺母松动 2. 丝杠失油及密封件损坏，导致轴承磨损及轴承本身损坏 3. X 轴导轨伸缩防护罩损坏	1. 调整锁紧螺母 2. 丝杠轴承加润滑脂，更换相关磨损件 3. 检修或更换 X 轴导轨伸缩防护罩
		X 轴光栅尺异常	1. 光栅尺电缆老化 2. 光栅尺测头损坏	1. 更换光栅尺电缆 2. 更换光栅尺测头
2	Y 轴进给系统	Y 轴电机报警	1. 电机编码器损坏 2. 电机损坏 3. 电机线插头松动 4. 电缆老化	1. 更换编码器 2. 更换电机 3. 插紧电机线插头 4. 更换电缆
		Y 轴限位报警	1. 行程开关线老化导致导线折断 2. 行程开关损坏	1. 更换行程开关导线 2. 更换行程开关
		Y 轴回零报警	1. 开关线老化导致导线折断 2. 开关损坏	1. 更换行程开关导线 2. 更换开关

学习笔记

序号	项目	故障现象	故障原因	故障排除
2	Y轴进给系统	定位不准确，反向间隙过大	1. 滚珠丝杠轴承锁紧螺母松动 2. 联轴器螺钉松动或有油 3. 联轴器损坏 4. 滚珠丝杠磨损	1. 锁紧锁紧螺母 2. 锁紧联轴器螺钉或除油 3. 更换联轴器 4. 调整滚珠丝杠螺母预紧或更换丝杠
		Y轴有异响	1. 滚珠丝杠轴承锁紧螺母松动 2. 丝杠失油及密封件损坏，导致轴承磨损及轴承本身损坏 3. Y轴导轨伸缩防护罩损坏	1. 调整锁紧螺母 2. 丝杠轴承加润滑脂，更换相关磨损件 3. 检修或更换Y轴导轨伸缩防护罩
		Y轴光栅尺异常	1. 光栅尺电缆老化 2. 光栅尺测头损坏	1. 更换光栅尺电缆 2. 更换光栅尺测头

机电设备的故障类型多种多样，要想分析故障产生的原因，首先要了解机电设备出现的故障属于何种类型。机电设备故障可以分为以下五类：

（1）按照故障发生状态分类，可分为突发性故障和渐发性故障。

（2）按照故障发生原因分类，可分为机电设备固有的薄弱性故障、操作维护不良性故障和磨损老化性故障。

（3）按照故障结果分类，可分为功能性故障和参数性故障。

（4）按照故障的危险程度分类，可分为安全性故障和危险性故障。

（5）按照机电设备功能丧失程度分类，可分为完全性故障和部分性故障。

除分清机电设备故障类型，还需要知道故障模式和故障的产生机理。每一种故障的主要特征称为故障模式。生产中常见的故障模式有振动、变形、腐蚀、疲劳、裂纹、破裂等。表3-6为机电设备故障类型与故障模式关系汇总。

表3-6　机电设备故障类型与故障模式关系汇总

故障类型	机电设备故障模式
损坏型	断裂、开裂、裂纹、烧结、击穿、变形、弯曲、破损等
退化型	老化、变质、剥落、腐蚀、早期磨损等
松脱型	松动、脱落、脱焊等
失调型	调整上的缺陷，如间隙过大过小、流量不准、压力过大过小、行程不当、仪表指示不准等
堵渗型	堵塞、不畅、漏油、漏气、漏水、渗油、控制阀打不开（关不上）等
功能型	性能不稳、功能不正常、功能失效、启动困难、润滑系统供油不足、运转速度不稳、整机出现异常声响、紧急制动装置不灵等
其他型	如润滑不良等

机电设备故障的发生受到时间、环境条件、机电设备内部和外部多种因素的影响，有时是一种原因起主导作用，有时是多种因素综合作用的结果。零件、部件、机电设备整体发生故障，大多是由于工作条件、环境条件等方面的能量积累超过了机电设备所能承受的界限。这些工作条件和环境条件称为故障应力。图 3-8 为机电设备中故障应力、故障机理与故障模式三者间的关系。

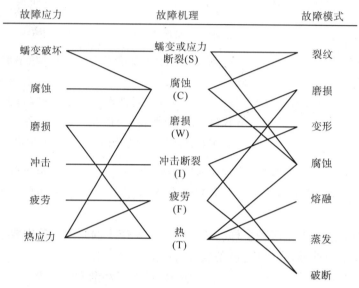

图 3-8　故障应力、故障机理与故障模式三者间的关系

由图可以知道，故障应力、故障机理与故障模式三者密切相关。由图可以看出，同一个故障应力可诱发出两种或两种以上的故障机理，不同故障应力可分别或同时导致不同的故障机理，某一种故障机理又可以衍生出另一种机理，经过一定的时间累积，便形成多种故障模式。因此，在分析研究机电设备的故障模式和故障机理时，必须综合考虑出现故障问题的部位，了解这个部位本身的设计制造情况、使用过程中各种应力的作用情况与使用方法和维护保养方法的情况。

分析故障时，首先由机电设备管理部门统计员或者是故障管理员汇总计算机打印的记录故障的各种报表，再与同车间机械员一起分析故障频率、故障强度，绘制出数据图，全面分析故障机理、原因，找出故障规律，提出对策。一般可以从以下四个方面来分析机电设备故障：

（1）故障频率和故障强度的分析。分析一定时间内故障产生的次数和故障的影响程度。

（2）故障部位的分析。分析具体部位所受到的影响。

（3）故障原因的分析。造成故障的原因是多方面的，只有分析研究每一个具体故障的微观机理，找出导致故障产生的根本原因，才能判断外部环境对故障的影响，让故障宏观规律的研究有可靠性的保证。由此可见，故障微观机理的研究也是十分重要的，微观分析能有效排除故障、提高机电设备素质的基础。在查找故障原因时，先按大类划分，再层层细分，直到找出主要原因，最后采取有效措施加以解决。

（4）机电设备可利用率方面的分析。机电设备可利用率可以由计算公式得

到，即

$$A = \frac{\text{MTBF}}{\text{MTBF+MTTR+MWT}}$$

式中，MTBF——平均故障间隔时间；

MTTR——平均修理时间；

MWT——平均等待时间。

从机电设备可利用率公式中可以分析出，平均修理时间和平均等待时间越长，机电设备的可利用率就越低；反之，当平均修理时间和平均等待时间越短，机电设备的可利用率就越高；当平均修理时间和平均等待时间都为零时，表明了机电设备不需要任何修理，也就是机电设备不会出现故障问题。由此可以发现，机电设备的可利用率主要受故障主导。企业可以从统计出来的平均故障间隔时间、平均修理时间和平均等待时间着手，从而找出故障随时间变化的规律。

3.3.4 机电设备故障处理与反馈

故障处理是在故障分析的基础上进行的，机电设备的安全管理人员要根据故障原因的性质，提出解决方案，权衡经济效益后，选择暂时地排除故障，或者较长时间地排除故障。针对故障原因的不同，需要采用不同的解决措施。

（1）重复性故障。采取项目修理、改装或改造的方法，提高故障部位的精度，从而改善整个机电设备的性能。

（2）多发性故障。根据故障的严重程度，采取大修、更新或报废的方法解决问题。

（3）先天性故障。采取技术改造或更换元器件的方法。

（4）操作性故障。加强对操作人员的培训与教育，提高他们的业务水平。

（5）人员性故障。加强维修人员的培训、重新设计或改进维修工具，提高对维修人员的考核标准。

失败乃成功之母，各式各样的机电设备故障确实造成了企业的经济损失，面对机电设备故障，从机电设备安全管理方面考虑，更应该从中得到经验，有所收获。同样的机电设备故障，处理得好与坏，应设置标尺，对处理的成效进行对比。所以当产生机电设备故障后，除了收集故障信息、分析故障信息，处理机电设备故障之外，还需要对机电设备安全管理这个过程进行总结，对故障管理的成果做出具有总结性的评价。

3.3.5 机电设备事故的分类

机电设备发生故障后无法再继续工作，势必会造成停产，同时还需要聘请相关人员开展维修工作，造成这一系列后果的事件，就称为机电设备事故。当发生机电设备事故后，企业会根据停产的时间和产生的维修费用来定性事故的性质。第一种是按照严重程度来划分机电设备事故，可以划分为一般事故、重大事故和特大事故。

（1）一般事故。发生这样的事故需要的维修费用为 500~10 000 元。对于高精密、大型、稀有设备和机械工业中的关键机电设备来说，维修费用为 1 000～30 000 元。同时造成了企业供电中断十分钟至半小时以内，这种情况，即可以定性为一般事故。

（2）重大事故。需要的维修费用在 1 万元以上。对于高精密、大型、稀有设备和机械工业中的关键机电设备来说，维修费用在 3 万元以上。同时造成了企业供电中断半个小时以上，这种情况，就认定为重大事故。

（3）特大事故。需要的维修费用超过 50 万元。同时造成了整个工厂供电中断两天以上，车间停产一周以上，这种情况，就可以认定为特大事故。

不论是发生哪一种机电设备事故，都会给国家和人民的财产、企业的经济效益带来损失。日本福岛核事故就属于特大事故，受地震影响，该核电厂内的放射性物质泄漏，经济损失是一方面，核泄漏导致的核污染成了亟待解决的问题，这关乎人类所处的环境、地球的生态平衡和全球生物的健康，可想而知这场特大事故的危害性。因此，作为企业要采取有效措施消除事故隐患，保证安全生产，做好机电设备管理，防患于未然，防止事故的发生。

根据事故产生的原因，也可以将机电设备事故的性质分为以下三种：

（1）责任事故。事故是因为人的问题而产生的，就叫作责任事故。比如操作人员擅自离开工作岗位；或者是违反操作规程，不遵循机电设备的使用规范，让机电设备超负荷运转，没有对机电设备进行该有的日常维护，导致机电设备润滑不良；或者是维修人员的维修方法不当；或是忽略了某些安全措施，加工工艺不合理。这些原因造成的事故，都称作为责任事故。

（2）质量事故。由于机电设备的设计制造不合理，制造出来的质量不过关，维修质量不好；或者是安装调试没有做好，这样导致的事故，就叫作质量事故。拿高精密的加工中心来说，安装机电设备时出现倾斜，调试时没有将误差控制在合理范围内，都会导致机电设备没法生产出合格的产品，耽误企业加工生产进程。

（3）自然事故。由各种自然灾害造成的事故。例如地震，导致当地企业的机电设备没有办法正常供电；洪水灾害，将企业的用电机电设备淹没损坏。

3.3.6　机电设备事故后处理

发生机电设备事故后，理所当然要解决机电设备出现的故障与出现的安全问题，并尽快恢复企业的生产。然而单纯简单且浅显地去处理事故，意义并不大，解决得不够彻底或者是处理得不好，都很有可能对机电设备造成二次伤害，埋下更加严重的机电设备事故隐患。因此发生机电设备事故后，要采用科学的后处理手段，全方面处理好机电设备事故，同时，还要记录备案，全面分析，吸取教训，为以后可能出现的机电设备事故留下预案。机电设备事故的后处理一般可以从以下五个方面入手：

（1）机电设备事故发生后的措施。

发生机电设备事故后，要立即切断电源，保持现场，逐级上报，及时进行调查、分析和处理。相关责任人应一起调查分析事故原因，制定措施，组织力量，进行抢修。尽快恢复生产，尽量降低因为机电设备事故造成的停产损失。

（2）发生机电设备事故后，一定要做好事故调查分析。

调查是分析事故原因和妥善处理事故的基础，这项工作必须注意以下几点：

①事故发生后，不得改变现场状况。以方便找到事故原因的主要线索。

②调查要迅速。事故处理人员要认真仔细查看事故现场、具体的事故部位、周围环境，并向有关人员或是现场的目睹者，咨询事故发生前后的情况和整个过程，记录在案，最好是拍照留底。

③客观判断。应根据事故现场的实际情况来开展，提取客观的理化实验数据，定量计算与定性分析，用科学手段去判断事故原因。

（3）遵循机电设备事故的处理原则。

事故处理要遵循"三不放过"的原则，即事故原因分析不清，不放过；事故责任者与群众未受到批评教育，不放过；没有防范措施，不放过。对企业来讲，发生事故就是一件坏事，必须要认真调查出真实原因，并妥善处理，让相关责任人受到教育。在查清事故原因、划分责任后，根据情节轻重、责任大小和认错态度，给出批评教育、行政处分或经济处罚的决定。触犯法律的还要依法制裁。对事故隐瞒的部门、单位和个人，还要加重处罚，追究领导人的责任。

（4）机电设备事故损失的计算。

机电设备事故导致的损失可以从两个方面来计算，第一个方面，从事故造成的停产时间及损失费用来计算。从发生事故导致生产停工开始，到机电设备修复后再次投入使用结束，这个时间段就认定为停产时间。

①停产损失费（元）＝停产时长（小时）×每小时生产成本费（元）

第二个方面，从修理时间和修理费用来计算。从开始修理发生事故的机电设备，到全部修好并交付使用为止，称为修理时间。

②修理费（元）＝材料费（元）＋工时费（元）

综合以上两项损失，可以计算出总的事故损失费用：

③事故损失费（元）＝停产损失费（元）＋修理费（元）

（5）机电设备事故的报告及原始资料。

发生机电设备事故，处理完后还需要将情况反映在机电设备事故报告上。发生机电设备事故的单位应在三天之内认真填写事故报告单，报送机电设备管理部门。除完成事故报告以外，还要完善机电设备事故原始记录，并存档机电设备事故的所有原始记录和有关资料。机电设备事故报告记录表要完整反映事故的重要内容：

①机电设备的名称、型号、编号、规格等。

②发生事故的时间、详细经过，事故性质，责任者。

③机电设备损坏情况，重大、特大事故应附带照片，并对损坏部位原因开展具体分析。

④发生事故前、后机电设备主要精度和性能的测试记录，修理情况。

⑤事故处理的结果以及今后要做的防范措施。

⑥记录表还要记录重大、特大事故产生的损失费用。

3.4 强化训练题

一、选择题

1. 完好标准中的次要项目中，有（　　）项不合格，该机电设备就认定为不合格机电设备。

A. 1 　　　　　　 B. 2 　　　　　　 C. 3 　　　　　　 D. 4

2. 机电设备使用守则中的"三好"要求不包括以下哪项？（　　）

A. 装好机电设备 　　　　　　　　 B. 用好机电设备

C. 修好机电设备 　　　　　　　　 D. 管好机电设备

3. 以下哪一项不属于机电设备的三级保养制？（　　）

A. 一级保养制 　　　　　　　　　 B. 二级保养制

C. 三级保养制 　　　　　　　　　 D. 日常维护保养制

4. 在精、大、稀及动力设备的使用维护中，"四定"工作不包括（　　）。

A. 定使用人员 　　　　　　　　　 B. 定检修人员

C. 定操作规程 　　　　　　　　　 D. 定安装要求

5. 根据事故产生的原因可以将事故分为三种，其中（　　）与其他三项不同。

A. 责任事故 　　　　　　　　　　 B. 质量事故

C. 自然事故 　　　　　　　　　　 D. 重大事故

6. 与磨损有关的故障模式不包括（　　）。

A. 变形 　　　　 B. 腐蚀 　　　　 C. 熔融 　　　　 D. 破裂

二、填空题

1. 机电设备在使用过程中会受到多种因素的影响，其中有_____、_____、_____、_____等。

2. 在机电设备的使用守则中，其中"四会"要求分别是_____、_____、_____和_____。

3. 机电设备的三级保养制分别是_____、_____和_____。

4. 机电设备的日常维护保养包括_____和_____。

5. 故障信息的收集内容应该涵盖_____、_____、_____、_____、_____、_____。

6. 根据事故的严重性可以分为_____、_____和_____，根据事故的发生原因可以分为_____、_____和_____。

三、判断题

1. 只要操作人员能正确掌握使用机电设备的方法，机电设备就不会出现损坏的情况。　　　　　　　　　　　　　　　　　　　　　　　　　　（　　）

2. 在完好机电设备的考核中，要计算出机电设备完好率，就必须逐一检查确认所有机电设备是否完好。　　　　　　　　　　　　　　　　　（　　）

3. 机电设备的三级保养制内容包括：一级保养制、二级保养制和三级保养制。　　　　　　　　　　　　　　　　　　　　　　　　　　　（　　）

4. 一级保养制主要以维修人员为主，操作人员协助完成。　　　　（　　）

5. 已投入使用的机电设备发生故障，不需要收集其使用前制造安装方面的信息。

（　　）

6. 故障应力、故障机理与故障模式三者息息相关。　　　　　　　（　　）

7. 从机电设备可利用率方面分析，平均等待时间越长，机电设备的可利用率就越高。　　　　　　　　　　　　　　　　　　　　　　　　　　　　　（　　）

四、简答题

1. 正确使用机电设备应具备哪些前提？

2. 机电设备的使用守则包括哪些内容？

3. 简述日常维护保养制、一级保养制和二级保养制三者之间的区别与联系。

4. 加强机电设备事故管理的意义是什么？

5. 如何分析和处理机电设备事故？

五、计算题

1. 某公司开展完好机电设备的考核工作，车间内部清点检查确认共有 173 台机电设备，其中 13 台机电设备未达到完好标准，抽查机电设备 20 台，其中有 1 台未达到完好标准。根据数据情况，请计算出该公司机电设备的完好率、完好机电设备抽查合格率、抽查完好率折算。

2. 受到洪水灾害的影响，某小型工厂内的 5 台数控车床发生故障，造成两天停产，经过三名维修人员 27 h 的抢修后才恢复生产。已知每台数控车床每小时的产出成本为 700 元，维修人员上门维修费用为 200 元/h，维修过程中更换损坏零件产生 13 000 元的材料费。请计算本次事故中，该工厂的事故总损失费用。

六、问答题
1. 谈谈数控车床的使用与维护方法。

2. 查阅相关新闻或事件，以某一机电设备事故为例，采用机电设备事故全过程管理方法，对机电设备进行全面分析。

项目4　机电设备的润滑管理

机电设备的润滑管理是指企业按有关技术规范的要求，对机电设备的润滑工作进行全面合理的组织和监督，实现设备的合理润滑和节约用油，使设备正常安全地运行。机电设备是企业从事生产经营活动最为重要的基础生产资料，为了保证设备正常运行、提高生产效率、降低设备故障和维修成本、增强企业的市场竞争力，企业应科学做好机电设备的润滑管理，这对平衡企业生产资料、提高经济效益意义重大。

机电设备的
润滑管理

知识拓展

发展废油再生及利用技术的重要性

2020年上半年，南京市公安局破获一起案件，涉案船舶2018年9月，2019年1月、3月至少3次向长江偷排含废油的污水，每次排出五六吨。废矿物油俗称"废油"（不含油泥），主要包括废机油在内的废润滑油等，产生于汽车、船舶的排放以及制造业、发输配电业、冶金的生产等，是一种危险有害废物。

重庆工商大学教授、废油资源化教育部工程研究中心首席专家张贤明说，废油中含有大量重金属和其他添加剂。与世界上多数国家一样，我国也将废油纳入危险废物名录。废油如直接排入江河，会大面积污染水体；丢弃在陆地上的废油，则会渗透在土壤中，一部分被微生物分解，另一部分经过雨水冲洗最后也会进入江河，造成对土壤及水系的双重污染。研究表明，受污染的水域由于被油膜覆盖，水中的含氧量明显下降并产生新的有毒物质。油膜覆盖在水生植物的叶子上，鱼类、贝类等水生动物的呼吸器官上，阻碍水生动、植物的呼吸，引起动、植物的大量死亡，甚至影响鸟类的生存，损害整个食物链。专家称，1 L废油可污染100万L水，一标准桶废矿物油能污染近3.5 km²水面。作为长江沿线，尤其要引起高度警惕。

据统计，我国每年产生大量的废矿物油，2013年我国废矿物油行业产生量约624万t，到2018年产生量达到了731.7万t。同时，我国废矿物油的回收利用量也逐年攀升。2013年我国废矿物油行业回收利用量约406.2万t，到2018年达到了552.4万t。废矿物油来源于工业领域与其他领域，目前中国废矿物油回收细分产品中，废润滑油及其工业用油的市场规模占比最高，超过80%。

废矿物油其实并不是没有利用价值，其中变质的部分只有百分之几，采用科学合理的工艺技术可以再生利用，是具有较高再生利用价值的废弃资源。废矿物油经过科学合理的精炼工艺处理后，可以重新得到再生，获得与原油炼制品质相当的基础油，是对矿物油紧缺资源的有效补充。废矿物油可以生产润滑油基础油，润滑油基础油根据其不同类别生产成品润滑油，再生利用价值很高。将废矿物油综合利用，对于缓解我国资源紧缺的局面、提高现有资源利用率、保护生态环境都具有十分重要的意义。

4.1　机电设备润滑管理的组织

4.1.1　机电设备润滑管理的意义和基本任务

1. 机电设备润滑管理的意义

科学有效开展机电设备润滑管理工作有赖于企业规范的组织和有力的监督。企业在保证安全和节能环保的前提下，依照技术规范的要求对机电设备进行全面有效的润滑工作，最终确保设备安全、可靠、高效运行。

（1）避免发生事故，保证设备正常工作，节约能源和维修成本。

近年来，机电设备不断朝着现代化技术方向飞速发展，设备润滑管理工作也因此显得尤为重要。设备的正常高效运转是提高企业生产经济效益和社会效益的重要前提条件，然而有些企业因为技术操作人员缺乏设备润滑知识和润滑技能，不能精准解决设备故障，致使企业常常面临设备故障，进而承受较大的经济损失。由此可见，具备过硬专业素质和专业能力的一线生产人员在生产过程中给企业带来的不仅仅是生产方面的成本节约，还可以给企业生产带来直接的提质增效，大幅提高企业经营效益。

（2）优化摩擦条件，降低机件磨损程度，延长设备使用寿命。

机械零件由于受到制造和安装过程中的误差影响，其初装在设备上运转时会产生比较明显的机械摩擦和磨料摩擦，因此在使用初期磨损速度很快，这种磨损过程也称为磨合。经过一定时间的初步磨合，设备磨损速度也在逐渐变缓，最后达到设备正常使用状态。在这一期间，需要操作人员严格遵守企业生产的规章制度，按照技术设备的操作流程，做好定期维护保养，有效提高设备使用效率。由此可见，企业制定合理可行的生产组织流程和规章操作制度是企业提高生产效益所必不可少的措施。

2. 机电设备润滑管理的基本任务

机电设备润滑管理是借助管理的方式，在基于专业技术规范下，对设备进行合理润滑和节约降本，达到使设备安全、高效运行的目的。机电设备润滑管理包括以下六个方面的基本任务：

（1）建立健全润滑管理组织机构，制定好润滑管理规章制度。例如，日常润滑管理工作的分工、润滑操作技术人员的工作细则、入厂油品的质量检验及油库的管理、设备清洗油计划的编制与实施、废油回收与利用、润滑工具设备的供应与日常维护等相关制度。

（2）编制设备润滑管理相关技术资料。例如，设备润滑图表、油箱储油额、润滑材料消耗定额、设备换油周期、清洗换油的操作工艺、油品代用与技术资料等。这类润滑设备技术资料可以更好地指导操作工人做好日常设备润滑工作。

（3）编制年、季、月设备换油计划，实施润滑"五定"和"三过滤"。认真学习和执行设备润滑"五定"与"三过滤"工作，对搞好设备润滑工作有很大的帮助。

（4）定期做好检查和检测工作，及时发现和改善润滑系统潜在问题。通过严格执行好"查、治、管"三个环节的工作，避免设备润滑中的油品浪费现象。

（5）组织润滑管理技术人员的技术培训，学习新的润滑技术。现代机电设备向高度自动化、高精度、高生产率趋势发展，对专业润滑技术的需求越来越明显。新的润滑技术知识内容更广更深，且更新速度快，更新周期短，组织润滑管理技术人员的技术培训显得尤其重要。

（6）组织废油的回收和再生利用工作。发展废油再生及利用技术可以有效缓解当前的资源紧张问题，助力绿色发展，减少废油随意排放对江河和土地所造成的污染，符合我国节约资源和保护环境的基本国策。

4.1.2 机电设备润滑管理的组织

按照生产规模和生产类型的不同，工厂可分为大、中、小型企业，其工作模式和人员配备都各不相同。在中小型企业中，由于资源限制，很多岗位的职责需要同一个工作人员兼任，相比之下，大型企业对人岗位的划分更为细致。企业需要根据实际情况，按照企业的不同类别，提出分别适合大、中、小型企业的润滑组织形式、工作关系和润滑工作人员配备的建议，用以健全企业设备润滑组织机构，保障设备润滑工作顺利实施。

1. 机电设备润滑管理组织形式

（1）大型企业机电设备润滑管理组织形式。

针对大规模企业和一些车间相对分散的中型企业，采用分级管理的方式，也就是有厂级设备管理部门和分厂（车间）设备管理维修部门两级，其特点是由厂级设备管理部门负责全面统筹规划，分厂（车间）负责现场的润滑管理工作。大型企业机电设备润滑管理组织形式如图4-1所示。

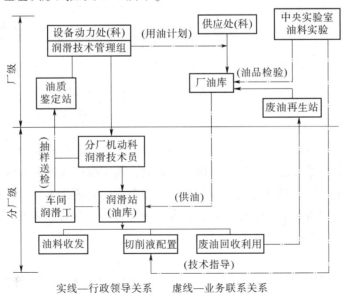

实线—行政领导关系　　虚线—业务联系关系

图4-1　大型企业机电设备润滑管理组织形式

（2）中型企业机电设备润滑管理组织形式。

中型企业的车间和厂房相较大型企业集中很多，而且其厂区较小，所以采用集中的润滑管理形式，也就是由设备动力科直接管理。中型企业机电设备润滑管理组织形式如图4-2所示。

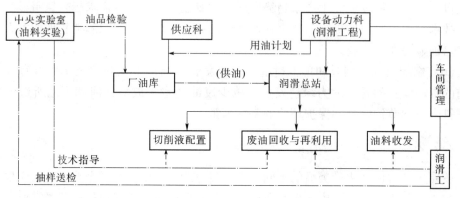

实线—行政领导关系　　　虚线—业务联系关系

图4-2　中型企业机电设备润滑管理组织形式

（3）小型企业机电设备润滑管理组织形式。

小型企业一般由供应科所属的厂油库兼管润滑站，设备动力科可不设润滑站。小型企业机电设备润滑管理组织形式如图4-3所示。

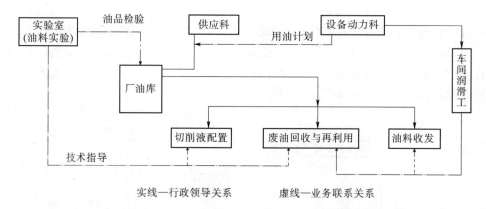

实线—行政领导关系　　　虚线—业务联系关系

图4-3　小型企业机电设备润滑管理组织形式

由此可见，中小型企业的管理较为集中，但是这种管理形式有利于充分发挥人员的工作效能，提高了人员的工作效率和工作质量，利于推广先进的润滑技术，但是这种形式容易造成同生产部门的配合不利。而大型企业的管理相关分散，能够充分调动子部门的积极性，利于生产配合，但是技术力量的分散也容易造成部门机电设备润滑工作被忽视，产生设备润滑死角。

2. 机电设备润滑管理人员配置

（1）企业设备动力部门需要配备负责企业设备润滑技术和业务管理的工作人员，其中大型企业可分配2~4名润滑技术人员，中型企业可分配1~2名润滑技术人员，小型企业可分配 1 名专职或兼职润滑技术管理人员。

（2）润滑总站或分站需要依照其承担的任务项目和对应工作量来配备一定数量的保管工、切削液配置工以及抽检油料质量的化验员。

（3）一班制的车间，润滑工的数量可以按照规范定额计算配备；两班制生产时，可按一班制定额人数乘以 1.6~1.7。具体配备时可根据实际生产工作需求做出适当调整。

4.1.3 机电设备润滑管理的制度与职责

1. 机电设备润滑管理制度

"无规矩不成方圆，无制度不成体系"。一支高效的企业团队离不开一套科学、合理、健全的制度体系。机电设备润滑管理制度会对润滑工作的权责及流程做出规定，保障企业设备润滑管理工作和任务的顺利完成。

（1）润滑材料的管理制度。润滑材料采购工作一般以年度或季度润滑材料申请计划为依据，由供应部门按质、按量、按时进行。润滑材料采购进厂后必须在检验部门抽样化验合格后方可入库。润滑材料存放在专用容器内并按照品种和牌号归类，且有专人负责出入库和发放的登记工作。润滑材料若库存超过一年需重新化验，严禁发放不合格产品。

（2）润滑站管理制度。润滑站按任务分工，担负着全厂废油回收和再生利用工作职责。负责切削液、润滑油的配制、化验、试验，并统计全厂各车间的油、脂消耗情况；负责推广润滑新技术和新型润滑材料；负责对站内润滑工具、器皿及油品、油质、油量的定期检查，严格执行油品"三过滤"制度。

（3）设备清洗换油制度。采取集中管理的企业，由润滑技术员负责编制；采取分级管理的企业，由车间设备管理员负责编制，并抄送润滑技术员。设备清洗换油计划与设备使用计划结合制订。一般在运行 30 个班次之后，安排新设备和大修后设备首次清洗换油，之后按正常周期换油。对于容量较大的油箱或油池，换油前需抽样化验，进而确定油品使用时间。换油过程以润滑工为主，配合相应操作工，润滑技术员或车间设备管理员检查验收，填写设备换油卡。

（4）废油回收及再生管理制度。一方面废油统一回收，集中处理，防止浪费和环境污染。另一方面废油回收和再生工作应严格按照下列要求进行：一是回收的废油需要除去明显的水分和杂质。二是不同类别的废油需要分开回收保管。三是废油根据污染程度不同分别回收。四是废油储存容器上贴醒目标识并严密封盖。五是废油再生场地做到干净整洁，安全防火。六是再生油化验合格后发放使用。七是废油回收再生后，需建立再生油发放台账，按月定期上报企业设备动力部门。

2. 润滑工作岗位责任制

实施岗位责任制对企业工作的科学化、规范化非常有益。岗位责任制可以最大限度地实现劳动用工的科学配置，有利于分清工作职责，有效防止工作重叠。润滑工作的岗位制涉及设备管理部门、润滑管理技术人员、润滑工人以及设备维修操作人员的基本任务和职责，下面重点介绍润滑管理技术人员和润滑工人的岗位职责。

（1）润滑管理技术人员的职责。

①承担厂内各生产设备润滑工作，熟悉并掌握工厂设备比的润滑情况。全面分析现场润滑情况并及时找出润滑管理中的问题，积极探索改进润滑管理的途径。

②结合设备实际运行状况制定设备润滑的工作制度，保证设备润滑计划正常实施。

③制定润滑油品的消耗台账，确定润滑油品消耗定额，使各种生产机械设备得到充分的润滑，又不致造成损失和浪费。积极协同有关方面，针对各类机械设备参照相关技术标准科学制定单台润滑材料的消耗定额，并将其分发至各厂相关单位参照执行。

④选择合适的润滑材料。针对种类繁多的生产设备按照设备的润滑需求选择恰当的润滑油品类，按照总体需求对润滑油的种类进行归集，尽可能用少的润滑油种类满足全厂润滑需求，减少储存所需要的容器数量和储存容器所占用的面积。

⑤编制润滑卡片，根据设备说明书或参考资料标志润滑卡。

⑥改进设备润滑的方法和装置。对于老旧设备，其本身不能满足现阶段的生产要求，需要润滑管理技术人员从改进润滑方法和润滑装置切入，充分挖掘设备性能的潜力，提高设备的生产效率和可靠性。

⑦试验和试用新型润滑材料。润滑材料作为直接决定润滑效果关键因素，也在不断被国内外的专家研究，近些年来针对不同运行环境下的新型润滑材料也在不断地被推出，特别是在高温、高压、真空等特殊条件下能够体现出良好效果的新型润滑材料将给企业生产带来颇为可观的经济效益，在有条件的情况下，润滑管理技术人员还应当参与协调润滑设计，以提高设备的润滑性能和固有工作的可靠性。

⑧指导润滑工人的工作。通过开展业务培训工作来强化润滑工人业务能力和技术水平，培训的内容以润滑基础知识、润滑技术、润滑工具以及使用方法、润滑材料、工厂润滑管理为主，还可以组织开展设备润滑管理经验交流，以提高设备的润滑效果。

⑨做好常规性设备润滑管理工作。润滑技术人员要做好基础工作，开展设备润滑事故调查研究与分析，针对存在的问题采取措施并做好建档工作。

⑩加强润滑管理研究分析工作，从减小摩擦入手，研究节约能源的措施，具体如图4-4所示。

（2）润滑工人的岗位职责。

①熟悉所负责区域内各机电设备的润滑系统、润滑油品号以及具体用量。

②严格遵守并执行机电设备润滑的"五定"与"三过滤"规定措施。

③负责辖区内日常巡回检查，指导督促操作工人按照正确的方式对设备进行日常润滑，对于违反操作规定的行为进行提示，对于劝告后仍然进行的违规行为及时上报车间管理部门。

④定时检查储油部位的油位液面高度，及时补充加油。按月实行设备清洗换油计划，负责油箱清洗质量。

⑤按季度配合设备润滑管理技术人员、设备维修组长进行辖区内设备的润滑状态检查以及新品种油料的试用，填写润滑状态记录卡、换油卡片和试用记录，及时解决存在的问题。

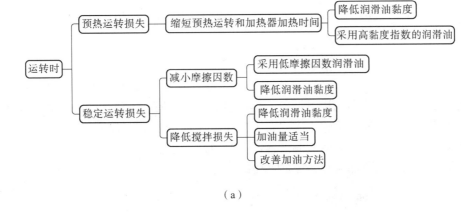

（a）

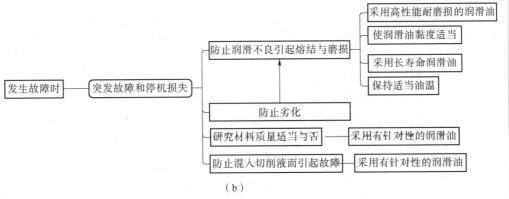

（b）

图 4-4　润滑管理方面的措施

（a）运转时；（b）发生故障时

⑥严格把控油品和切削液质量，对于发现的不合格油品不得擅自使用，应及时报告润滑管理技术人员处理。

⑦回收废油要及时退库并按月进行统计上报，对发现的严重漏油设备实行清单管理。

⑧保持润滑工具和润滑用具的清洁，及时做好工具使用后的清洁工作，存放在工具柜内。

3. 机电设备润滑的"五定"与"三过滤"

（1）机电设备润滑的"五定"。

机电设备润滑的"五定"即定点、定质、定量、定期、定人。

①定点：明确每台设备的润滑点，根据规定的润滑部位和检查点（包括油标、油窗等）去进行加油、换油、检查液面高度及来油情况等。

②定质：按照润滑图表规定的油脂牌号用油，润滑材料必须通过化验合格后方可使用，如需代用和掺配必须根据要求规范使用。所有的润滑器具、密封等需干净完整。

③定量：按照规定的数量进行添、换油（油脂）操作，实行油料消耗定额管理。

④定期：参照润滑图标或者润滑卡片上的时间进行加油、清洗换油操作。并按照规定时间抽样化验，观察油脂情况考虑进行循环过滤操作，同时明确下一次清洗换油

和抽验的时间。

⑤定人：确定操作工、维修工、润滑工对设备工作的分工情况，各负其责、互相监督、密切配合。

（2）机电设备润滑的"三过滤"。

机电设备润滑的"三过滤"也称为三级过滤，其主要目的是降低油中所含的杂质以及防止尘屑等杂质随油进入设备，具体包括入库过滤、发放过滤和加油过滤。

①入库过滤：油液经运输入库，泵入油罐储存时要经过过滤。

②发放过滤：油液发放注入润滑容器时要经过过滤。

③加油过滤：油液加入设备储油部位时要经过过滤。

4.1.4　机电设备润滑图表及管理用表

1. 机电设备润滑图表

机电设备润滑图表是操作工、维修工和润滑工对设备进行规范润滑的重要指导技术资料，并在其中通过图文显示出"五定"的具体内容。

（1）设备润滑图表的内容。

①润滑剂的种类、名称和数量。

②润滑部位、加油点、油标、油窗、油孔、过滤器等。

③标出液压泵位置、润滑工具和注油形式。

④标明换油期、注油期及过滤器的清洗期。

⑤注明适合本企业现实状况的润滑分工。

（2）润滑图表的形式。

常用的润滑图表有表格式、框式和图式三种形式。在选择图表时应结合设备外观形状、设备上润滑点的分布以及集中分散情况来确定。

①表格式润滑图表。此类图表能更加详细地展示出润滑的"五定"要求。以JC70绞车为例，其表格式润滑图表如图4-5所示。

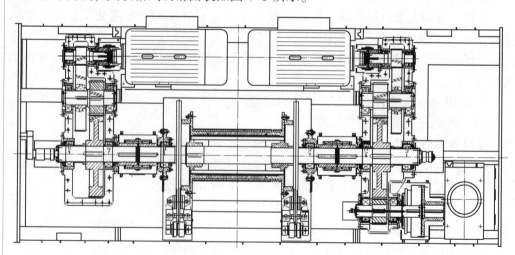

图 4-5　JC70 绞车表格式润滑图表

定点	定质		定量	定期	定人
润滑部位	油品名称	牌号	油量	周期	润滑工
应急电机减速箱	中极压齿轮油	ISO VG220	适量	5 000 h	润滑工
盘式刹车油箱	抗磨液压油 低温抗磨液压油	夏季 L-HM46 冬季 L-HV32	80 L	连续工作 6 个月	润滑工
电机	润滑脂	FAG-Aracnol L135V	290 g	3 年或被污染时	电修工
绞车轴承及 其他部位	通用锂基脂	夏季 NLG12 冬季 NLG11	适量	每班加注润 滑脂 1 次 每周加注润 滑脂 1 次	操作工
链条传动油箱	中极压齿轮油	夏季 ISO VG320 冬季 ISO VG220	500 L 或至 油尺两刻度 线之间	按质、6 个月	润滑工

图 4-5　JC70 绞车表格式润滑图表（续）

②框式润滑图表。此类图表更加一目了然，适用于润滑点相对集中的设备。以 CA6140 型车床为例，其框式润滑图表如图 4-6 所示。

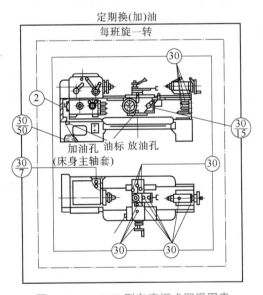

图 4-6　CA6140 型车床框式润滑图表

③图式润滑图表。此类图表是通过润滑标记表示出润滑点的润滑情况，较为清晰、直观。其中在距润滑点 10 mm 处粘贴塑料薄膜制成的润滑标记这种方式称为设备润滑目视管理。润滑标记中用直径为 25 mm 的圆形表示润滑油，边长为 25 mm 的三角形表示润滑脂，用红色表示操作工加油，黄色表示润滑工加油，绿色表示维修工加油。润滑标记中间按照国家标准标出油脂牌号。润滑标记具体如图 4-7 所示。

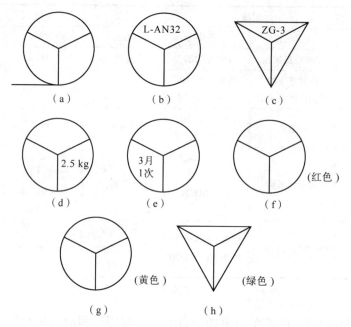

图4-7　润滑标记

（a）标线指出；（b）油牌号；（c）脂牌号；（d）油的质量；

（e）加油时间；（f）操作工；（g）润滑工；（h）维修工

（3）编制润滑图表的要求

①格式要统一。画图要遵循机械制图国家标准，图纸统一采用A3或A4的尺寸。

②图面标准、规范。编绘图表时要依据设备"五定"原则，且图面要清晰有序，一目了然。

③简洁明了。只需表达准确清楚即可，视图尽可能少。

2. 设备润滑管理用表

（1）设备换油卡片：一般由润滑技术人员负责编制，由润滑操作工负责记录，具体见表4-1。

表4-1　设备换油卡片

设备编号：	名称：		型号规格：		所在车间：	
储油部位						
油（脂）牌号						
代用油牌号						
储油量/kg						
换油周期/月						
添/换油记录	日期	油量/kg	日期	油量/kg	日期	油量/kg

（2）年度设备清洗换油计划表：一般由润滑技术人员或者计划员负责编制，具体见表4-2。

表4-2　年度设备清洗换油计划表

序号	设备编号	设备名称	型号规格	储油部位	油（脂）牌号	储油量	换油周期/月	计划换油月份					执行人	备注
								1	2	3	…	12		

（3）月清洗换油实施计划表：一般由润滑技术人员或者计划员负责编制，该表是润滑工人进行清洗换油工作的重要依据，具体见表4-3。

表4-3　月清洗换油实施计划表

序号	设备编号	设备名称	型号规格	储油部位	用油牌号	代用油品	换油量	清洗材料		工时/h		执行人	验收签字	备注
								名称	数量	计划	实际			

（4）年度换油台次、换油量、维护用油量统计表：按照车间、班组来进行汇总统计，具体见表4-4。

表4-4　年度换油台次、换油量、维护用油量统计表

月份	换油台次		换油量/kg		维护用油量/kg		用油量合计/kg		备注
	按年计划	实际	按年计划	实际	按年计划	实际	按年计划	实际	
1									
2									
…									
12									
全年									

（5）润滑材料需用申请表一般由企业设备动力部的润滑技术人员负责编制，具体见表4-5。

表 4-5　润滑材料需用申请表

序号	材料名称	牌号	生产单位	需用量/kg				单价/元	总金额/元	备注
				全年	一季度	二季度	三季度			

（6）年度设备用油及回收综合统计表即可作为下一年度编制计划的参考表，又可与年度润滑油需用申请表作比较，具体见表4-6。

表 4-6　年度设备用油及回收综合统计表

润滑材料		全年		一季度		二季度		三季度		四季度		备注
名称	牌号	使用	回收	使用	回收	使用	回收	使用	回收	使用	回收	

4.2　机电设备润滑的防漏与治漏

机电设备漏油是润滑系统常见的一个问题，漏油不单单会造成油料的大量浪费，污染环境，同时会使得设备润滑不足影响其使用性能，造成设备事故，进而影响企业的生产经济效益。所以设备漏油的治理对于设备润滑管理工作而言非常重要。

4.2.1　机电设备润滑技术

机电设备在运转制造产品的同时其内部零件也在持续摩擦而产生磨损，而润滑技术可以较好地减缓设备的摩擦损耗，所以设备润滑技术是维护设备正常高效工作的重要环节。要做到正确有效地进行设备润滑的漏油治理，就必须先了解设备润滑技术。

1. 机械润滑

（1）摩擦与磨损。

摩擦是指当两物体表面接触而产生相对运动时，接触表面会因为接触点的弹塑性变形存在而产生阻碍此相对运动的效应。在生产生活中，摩擦的现象处处存在，既有利，又有弊。伴随摩擦而出现的结果就是磨损。磨损是因为零件相互摩擦，造成其接触表面发生尺寸、形状和质量的变化。磨损不单单会造成材料消耗而且在很大程度上影响着设备运行状态和使用寿命。磨损的过程可分为三个阶段，分别为初期磨损、稳定磨损和剧烈磨损，如图4-8所示。

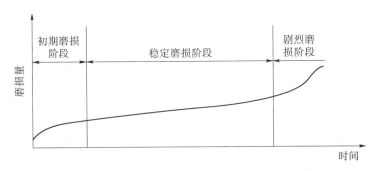

图 4-8　典型磨损过程

设备在运转初期因为受制造和安装的误差影响，机件磨损较快，在持续操作运转一段时间后，设备会自行调整（又称为磨合），调整之后的磨损速度变得平缓，进而达到稳定磨损阶段。经过长时间的稳定磨损后，机件摩擦表面的形态发生改变，且产生疲劳磨损现象，这就加剧了磨损速度，也就到了剧烈磨损阶段。

对于设备磨损问题，最好的维护保养方式便是润滑。所谓润滑，就是在相互接触、相对运动的两固体摩擦表面间，引入润滑剂（流体或固体等物质），将摩擦表面分开的方法。恰当的润滑可以缓解设备零件长时期摩擦导致的摩擦面发热情况，起到有效的冷却作用，同时降低设备运转时的摩擦阻力，减少设备磨损消耗。此外，润滑剂还可以隔绝空气中的水分和有害物质，增强零件的密封性。

（2）润滑状态。

润滑有四种状态，分别是无润滑、流体润滑、边界润滑和半液体润滑。

无润滑是指相对运动的两物体间不添加任何润滑介质，处于干摩擦的状态。该状态会加剧设备磨损程度，影响设备正常运转，缩短设备使用寿命，所以应尽量避免。

流体润滑是指在摩擦副间加入润滑流体，通过摩擦表面的相对运动形成一层润滑膜将摩擦面隔开，从而减少摩擦阻力，保护设备的一种润滑状态。

边界润滑是一种从液体润滑过渡到干摩擦过程之前的临界状态，是粗糙表面间，发生部分表面接触的润滑状态。边界润滑是一种很重要的润滑方式，摩擦副在转速加快、负荷剧增等情况下很容易产生边界润滑。

半液体润滑是指当流体膜受到较轻程度的破坏时，介于流体润滑和边界润滑之间的一种状态。

2. 常用润滑材料

（1）润滑材料的分类。

润滑材料是指加在摩擦副之间起到润滑作用的一种介质。按照润滑剂的物质形态，可将润滑剂分为气体润滑剂、液体润滑剂、半固体润滑剂、固体润滑剂。

气体润滑剂是以空气、蒸汽、氮气这些惰性气体作为润滑剂，摩擦表面被高压气体隔开，从而形成气体摩擦，如图 4-9 所示。气体润滑剂的优点是摩擦系数小于0.001，基本为零；气体的黏度也不会因为温度发生很大变化。气体润滑剂来源广泛且有些气体的生产成本也比较低。此类气体润滑剂常常用于要求摩擦系数较小或者转速较高的精密设备和超精密仪器的润滑。

液体润滑剂包括矿物润滑油、合成润滑油、溶解油或复合油、液体金属等，如图 4-10 所示。

图 4-9　气体润滑剂　　　　　　图 4-10　液体润滑剂

半固体润滑剂则是一种形态介于流体和固体之间的塑性或高脂的半固体（图 4-11），涵盖各类矿物润滑脂、合成润滑脂、动植物油脂等。

固体润滑剂一般包括石墨、二硫化钼（图 4-12）、塑料等。此类材料能够在高温、高负荷、超低温、超高真空、强氧化或还原、强辐射等环境条件下达到良好的润滑。

图 4-11　半固体润滑剂　　　　　　图 4-12　固体润滑剂二硫化钼

（2）润滑油的质量指标。

润滑油作为一种液体润滑剂，一般是指矿物油与合成油。润滑油是由基础油和添加剂组成的。其中添加剂是为了改善、提高润滑油的性能或为基础油增加新的性能而加入的一种或几种化合物。基础油则是润滑油的主要成分，决定着润滑油的基本性质。

①黏度：黏度是指液体在流动时分子间产生的阻碍力的大小。黏度可以作为划分润滑油牌号的一项指标。润滑油的黏度越大，承载能力越高，但摩擦阻力也会增加。

②闪点：在特定条件下油品加热蒸发与空气混合后，和火焰接触时产生闪火现象的最低温度即为闪点。

③酸值：中和 1 g 油中的酸需要的 KOH 的毫克数即为酸值。酸值越高，油品越

容易氧化变质。

④凝固点：在一定条件下，将油品保持倾斜 45°冷却一分钟后，达到油面不流动的最高温度即为凝固点。

⑤机械杂质：油品经过一定处理后在滤纸上残留的杂质（砂粒、锈粒、金属屑等）。机械杂质会对油膜产生一定的破坏力，容易加剧设备磨损。

⑥残炭：油品在隔绝氧气的条件下加热蒸发，产生的焦炭状物体占油品的质量分数即为残炭值。残炭含量过多，除了会加速设备磨损外，还容易阻塞油路系统。

（3）润滑脂的质量指标。

润滑脂作为一种凝胶状润滑材料，是介于液体和固体之间的半固体润滑剂。润滑脂由基础油液、稠化剂和添加剂组成，其中稠化剂的作用是使基础油被吸附和固定在结构骨架之中。

①锥入度：锥入度是用来衡量润滑脂稠度的，锥入度越大，润滑脂越松软；反之，锥入度越小，润滑脂越硬。

②滴点：在一定条件下加热润滑脂，润滑脂滴落第一滴油的温度即为滴点。

③皂分：润滑脂中脂肪酸皂的含量即为皂分。皂分的多少决定了润滑脂的硬度。

④安定性：润滑脂要求其在储存和使用中不易变质、分油，并通过胶体安定性、化学安定性和机械安定性三个方面综合评价。胶体安定性是指抑制润滑脂在储存和使用中析油的能力；化学安定性是指抗氧化能力；机械安定性是指受到机械剪切时稠度下降，剪切作用停止后其稠度又可恢复的能力。

此外，润滑脂还有水分、机械杂质、腐蚀性和抗水性等质量指标。

（4）润滑油的更换步骤。

①准备检查阶段。准备好清洗油、清洗工具和回收废油的专用桶，清理干净设备周围场地，不得有明火，切断设备电源。做好这些准备工作并确认检查完毕后，就进入下一个阶段。

②清洗换油阶段。在放油口上接上油盘，拧开放油塞，排出废油。拆卸各级过滤器和各种润滑装置，卸下油窗、油标、油毡、油线，认真清洗干净。然后，把清洗用油倒入油箱和换油部位，仔细清洗。要求把油箱内油垢、油泥、沉淀杂物清洗干净，金属面、油漆面显露本色。同时检查润滑系统中各元件是否完好。最后擦干油箱，装好各种润滑装置和零部件，按规定的油品牌号加至规定油量。注意：新加润滑油必须与原用润滑油同品种、同牌号。

③检查调整阶段。加油后试车运行，认真检查润滑系统各部分油路是否畅通，是否有漏油，油量是否符合要求，及时加以调整。

（5）润滑油添加的一般原则。

①做连续相对运动部位，如机床水平导轨表面、传动丝杠和光杠等，每班加油 2 次。

②人工加油的主要部位，如油杯、油眼、手按油阀、手泵和轴销油孔等，每班加油 2 次。

③用润滑脂杯时，每星期加脂一次，每班拧进 1~2 转。

④储油部位每隔 5~7 天检查并加油一次，保证油量至规定的位置。

⑤精密设备必须严格按照润滑卡片和说明要求加油。

⑥过滤器、油毡、油绳、油毡垫等每星期拆洗一次。

（6）润滑剂的选型与变更。

①重要设备应选择机电设备制造商推荐或同意的润滑剂，普通设备可选择同类型或性能相近的润滑剂。

②结合机电设备运行状态、摩擦副组成物质、接触介质、运行条件、更换周期等因素选择合适润滑剂。

③冬夏温差大时，机电设备若无相关保温装置，宜使用四季通用的润滑剂。

④结合注入方式选择润滑脂稠度，手动注入应该比集中泵送的方式高 1~2 个稠度等级。

⑤制冷压缩机选择润滑剂时要考虑制冷剂。

⑥选型时宜用黏度低一些的油品，可达到节能降耗的效果。

⑦以设备安全运行为前提去考虑润滑剂的变更，按照润滑剂性能相同或以高性能代替低性能为原则变更。

⑧替代过程存在风险的要进行替代品与被替代品的相容实验，在必要时与密封材料进行相容测试，合格后才可进行替代操作。

⑨重要设备的润滑剂替代最好先选用代表设备，确定润滑结果好再进行推广。

⑩制定润滑剂替代制度。

3. 常用润滑方式及装置

所谓润滑方式，就是把润滑剂给到各机械运动副摩擦面间，从而达到良好润滑的技术手段。润滑方式和装置根据不同的分类依据分为不同的类型。根据配置的位置可分为分散润滑和集中润滑。根据作用的时间可分为间歇润滑和连续润滑。根据给油的方法可分为无压润滑和压力润滑。根据油的循环性质又可分为不循环的、循环的和混合式三种。

（1）人工加油润滑装置。

最简单的润滑装置，使用便捷，只需在要润滑部位开出加油孔，便可用油壶、油枪（图 4-13）直接进行加油，或者在油孔处装设油杯。手工加油方式为间歇给油，一般用于低速、低负荷、工况要求不高的摩擦部位或者小型简单机械。

图 4-13　油枪

（2）油绳、油垫润滑装置。

此润滑方式是将油绳、油垫等完全放入油中，通过油芯虹吸作用持续向摩擦面供油，如图 4-14 所示。油绳和油垫自身有过滤的作用，能保持油品洁净，而且供油均匀不间断。但存在不能调节供油量的问题。此装置一般用在低、中速和轻载的机械上。值得注意的是在使用时油绳不能和运动表面接触，以防被卷入摩擦面之间。

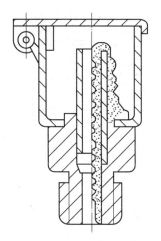

图 4-14　油绳润滑装置

（3）油环、油链润滑装置。

此装置是通过套在轴上的环或链把油从油池中带到轴上，再流向润滑部位进行润滑，如图 4-15 所示。油环套在轴上，下部浸入润滑油中，油环依靠摩擦力与轴一起旋转，将油带到轴颈上，润滑轴承。

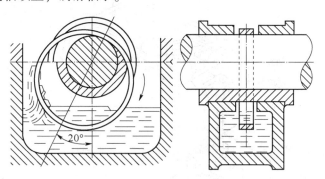

图 4-15　油环润滑装置

（4）油浴及飞溅润滑。

此方式通过高速旋转的零件将油溅散到润滑部位。优点是简单可靠，连续均匀，可循环使用，能保证启动后自动连续供油，停止时自动停送。但存在有搅油损失、易使油发热和氧化变质的问题。

（5）油雾润滑装置。

此装置是通过油雾发生器把油液吹散成油雾，再经过凝缩嘴凝缩成油滴，润滑摩擦表面,如图 4-16 所示。油雾润滑主要用于高速轴承、高速齿轮传动、导轨等的润滑。

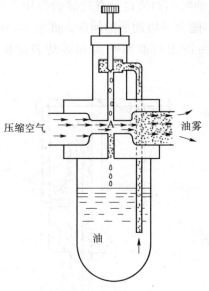

图 4-16　油雾润滑装置

（6）压力循环润滑系统。

此润滑装置不受润滑点位置高低和离油泵远近的影响,各点的供油量不变,如图 4-17 所示。该装置润滑周期长短及供油量可调节,润滑油可循环使用,有自动监控和报警系统,但系统比其他润滑装置更复杂。

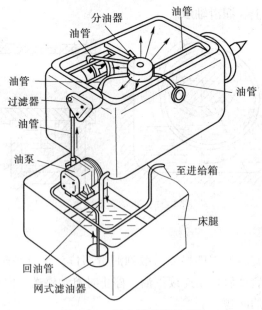

图 4-17　压力循环润滑系统

4.2.2　机电设备漏油的分类和原因

机电设备漏油是润滑系统比较常见的一个问题，漏油不单单会造成油料的大量浪费，污染环境，同时会使得设备润滑不足影响其使用性能，造成设备事故，进而影响企业的生产经济效益。

1. 机电设备漏油的分类

按漏油部位来分可分为接触截面泄漏、层内渗透泄漏和破坏性泄漏。接触截面泄漏是因为密封不严密导致存在间隙或密封摩擦副有磨损使间隙增大。层内渗透泄漏是工作介质渗入不严密的密封材料里面造成的外流或内流泄漏。破坏性泄漏则是因为使用条件差而加剧了密封件磨损，或高温碳化、热裂、塑性变形以及疲劳破坏等，使得泄漏间隙迅速增大。

按密封面间是否有相对运动分类则有静泄漏、往复运动的两个零件结合面之间的泄漏和回转运动泄漏。静泄漏指没有相对运动的两个零件结合面间的泄漏。回转运动泄漏指有相对回转运动的两个零件结合面间的泄漏。

2. 机电设备漏油的原因

（1）设备设计不合理。设备密封结构形式的设计需要考虑到设备工作温度、压力、介质特性等外在环境因素。除了封堵外还要注意防腐、防振、均压、疏导等方面。

（2）设备制造粗糙。设备加工制造要严格把控油封工作处的精度，保证其生产质量，才能使油封长期有效使用。

（3）密封元件和材料选用不当。密封元件和材料的选用很大程度上决定了密封装置的使用寿命，如果选得不好就很容易使设备密封性能变差，进而造成设备泄漏。

（4）设备安装不好。设备安装的质量问题在一定程度上对泄漏也有较大影响，专业的装配技术人员可以大大提高设备安装质量，尽可能避免设备泄漏事故。

（5）操作维护不当。这也是导致设备泄漏的直接原因。

4.2.3　机电设备漏油治理

漏油现象是设备最普遍也最让设备人头痛的问题之一，造成泄漏的因素是多方面的，有先天性的，也有后天性的。由于机件结构形式多种多样，密封部位、密封结构、元件、材料也千差万别，因此治漏的方法也就各不相同。

1. 机电设备漏油等级

当设备出现明显出油痕迹甚至形成油滴，且在擦干净后 5 min 之内又有出油或油滴的现象时，称为漏油，并且把有一条明显出油痕迹或有一个油滴的部位称为漏油点。设备漏油可以分为渗油、滴油和流油三种。对于不同部位渗油有不同的定义：对于固定连接部位，每 0.5 h 滴 1 滴油为渗油；对于活动连接部位，每 5 min 滴 1 滴油则为渗油。滴油指每 2~3 min 滴 1 滴油。流油指每 1 min 滴 5 滴以上油。

按照漏油状态也可将设备分成不漏油设备、一般漏油设备和严重漏油设备三种形式。静结合面不渗油、动结合面不漏油的为不漏油设备。其中当一台设备 80% 以上的结合面不漏油，且漏油部分 10 min 之内漏油不超过 1 滴，称为基本不漏油设备。严重漏油设备则是指每天耗油量 1 kg 以上或者全部漏油点 1 min 之内总滴油数在 3 滴以上。以下三种情况都可以定义为严重漏油设备：

（1）机电工业关键设备（不包括 30 个修理复杂系数以下的设备和精密设备）：每天按两班制剂漏油 5 kg 以上，或全部漏油点 1 min 总滴油数超过 10 滴。

（2）大型稀有设备（包括机电工业关键设备 30 个修理复杂系数以下的设备）：每天漏油 3 kg 以上，或全部漏油点 1 min 总滴油数超过 6 滴。

（3）主要生产设备（机电工业关键设备及大型稀有设备除外）：每天漏油 1 kg 以上，或全部漏油点 1 min 总滴油数超过 3 滴。

一般漏油设备就是有漏油现象，但又没有达到严重漏油程度的设备。

2. 漏油防治的主要途径

（1）封堵。即用各种方法来堵住泄漏部位，这是最为常见的方法。

（2）疏导。通过设置回油槽、回油孔、挡板等疏导装置让油不积攒在结合面的地方。使用时要注意保持油液清洁，以免堵塞回油管。

（3）均压。设备泄漏很大一个原因是存在压力差。所以，可以通过均压措施来防治泄漏。例如，当机床箱体因为压力差导致漏油时，在箱体上开一个小出气孔，消除压力差即可。

（4）阻尼。通过在泄漏通道中人为设置不规则沟槽达到增大液体流动阻力的目的。当阻力和压差达到平衡，就可以实现不泄漏。

（5）抛甩。利用设备上甩油环的离心力把向外流的油液甩向壳壁，并沿着壳壁上的回流路流回油池。甩油环适宜在高速条件下工作。

（6）接漏。设备有些部位必然存在一定漏油现象，因此可增设接油盘、接油杯，或流入油池，或定时清理。

3. 设备漏油治理的八字方针

（1）改：针对不合理的密封结构，改用不易泄漏的材料或改善系统的压差，以达到无泄漏的要求。

（2）换：及时更换有损坏或性能差的元件，保证高效率地生产工作。

（3）堵：对于因为设计、制造质量造成的瑕疵，采用堵、粘的方法，堵塞漏油点。

（4）引：使用回油槽、回油孔等疏导方法引流多余的油液回油池。

（5）封：封并不是永久性堵塞，仅仅是改善结合部位的密封性能。

（6）接：不能引流的润滑部件，增加油管、挡油板、接油盘等。

（7）修：修理引起泄漏的零件，焊、粘气孔、裂纹，修复密封部位等。

（8）管：加强漏油和治漏的管理和检查，配备必要的技术力量，落实岗位责任，做到能及时发现问题，随时处理问题。

4.2.4　密封技术的应用

机电设备漏油不仅浪费油液、污染环境，而且会影响设备使用寿命及工作性能，良好的密封管理可以保证设备良好运转，提高生产效率，减少水、电、气、油及物料的消耗，减少污染。因此密封技术常常是企业用以防止润滑材料泄漏和有害物质进入摩擦部位、污染润滑材料的重要措施。密封若按其相对运动状态来分，则可以分为静密封和动密封两大类。

1. 静密封

静密封指不产生相对运动的结合面之间的密封。其主要是依靠密封材料的塑性变形或充填不平达到结合面密封的目的。常用的密封材料有纤维、高分子材料、无机材料、金属四类。

（1）纤维：纤维类材料弹性模量较低，在较低的密封力作用下，可获得一定的弹性变形，有很好的密封作用，主要有麻、棉、毛、皮革、毡、石棉、人造复合纤维，一般适用于制作填片、软填料、成型填料等。

（2）高分子材料：以橡胶与树脂为主要材料，弹性和耐磨性能较好，且能受较大压力，但不耐高温，寿命短，一般适用于做成型垫料、油封、填片等。

（3）无机材料：主要是石墨和陶瓷，优点是耐高温、耐磨。此外石墨制品自润滑性能较好，既能密封，又不易损坏摩擦副，但价格偏高。陶瓷的缺点是强度低、较脆，主要用于机械密封、泵等动力设备上。

（4）金属：优点是耐高温、强度高，是其他密封材料无法达到的，这类密封材料主要有铜、铝、碳钢、不锈钢等。

2. 动密封

动密封指两相对运动部件间的密封。动密封大多数是轴与壳体或端盖间的旋转及往复运动的密封，分为接触式和非接触式两种类别。接触式密封一般用于液体、气体介质的密封和防尘，其按密封件类型可以分为填料密封、碗形密封件密封和机械密封等。非接触式密封不受转速和温度限制，无磨损。其按结构可分为迷宫式密封、动力密封、磁流体密封、气压密封和螺旋密封等。

（1）填料密封：一般适用于液体和气体的旋转或往复运动的密封，其工作原理是，填料装入填料腔后，通过压盖螺丝对它进行轴向压缩，当轴与填料产生相对运动时，因为填料的塑性，而产生径向力，并与轴紧密接触。在这过程中，将润滑剂从填料中挤出，在接触面间形成油膜，如图4-18所示。

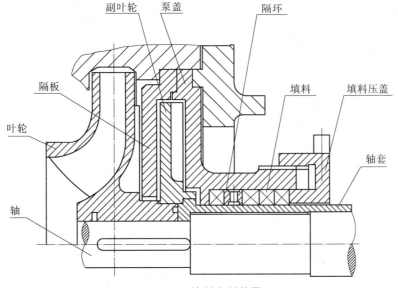

图4-18　填料密封装置

（2）碗形密封件密封：也可以称为唇形密封，是一种用纯橡胶制作的轴向密封圈，形状各异，有 V 形、U 形、Y 形、L 形和 J 形，以及衍生的特殊形状。其密封原理是通过密封件唇口与配合面间的过盈量和工作介质的压力让密封圈产生弹性形变，来闭合零件间的间隙，达到密封的效果，如图 4-19 所示。

（3）机械密封：该密封结构种类复杂，但密封性能好，所以一般用于高速、高压、有腐蚀性、有毒性、真空等多种状态下液体和气体的输送泵的密封，如图 4-20 所示。

图 4-19　唇形密封装置

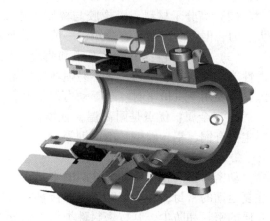

图 4-20　机械密封装置

（4）迷宫式密封：在转轴附近设置多个排列规律的环形密封齿，被密封介质在经过间隙时产生节流效应而达到阻漏的目的，如图 4-21 所示。

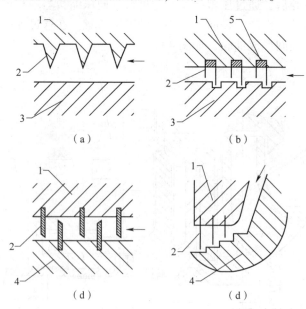

（a）　　　　　　　（b）

（d）　　　　　　　（d）

1—轴封环；2—梳齿片；3—转轴表面；4—轴封套；5—压条

图 4-21　迷宫式密封

（a）光轴式；（b）高低式；（c）曲折式；（d）阶梯式

（5）动力密封：通过特制的副叶轮或副叶片，和叶轮产生反向压力，阻碍液体从转动轴缝隙漏出，如图4-22所示。多用于泵类旋转轴处。

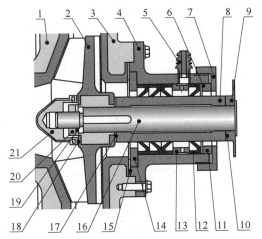

1.泵盖	12.K形密封圈
2.叶轮	13.水封环
3.泵壳	14.密封盒垫块
4.密封盒	15.密封盒垫
5.冷却水嘴	16.主轴
6.O形密封圈	17.叶轮垫
7.密封盒盖	18.锁紧螺母L垫
8.轴套	19.弹簧垫片
9.挡酸片	20.防转螺母
10.轴套垫	21.锁紧螺母
11.顶圈	

图4-22 带冷却水的K型动力密封结构简图

（6）磁流体密封：该密封是将磁性液体装入密封环里面，如图4-23所示。多用于低压气体密封与防尘密封。

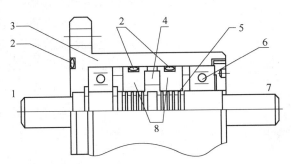

1—真空侧；2—O形密封圈；3—不导磁座；4—永久磁铁；5—磁流体；6—轴承；7—空气侧；8—磁极

图4-23 磁流体密封

（7）气体密封：利用压缩空气的压力阻止液体从旋转轴的间隙泄漏。

（8）螺旋密封：利用螺旋泵的原理将缝隙处泄漏的液体推回壳体内。多用于高速、高温液体泵的密封。

机电设备漏油治理的重要性

2019年4月11日，"奔驰女车主哭诉维权"的视频在网络上流传后，迅速引发舆论关注。在视频中，一女子表示她购买了一辆奔驰车。岂料，新车还没开出4S店院子，就发现车辆发动机存在漏油问题。

发动机是汽车动力系统的重要组成部分，它的好坏直接影响了汽车的性能，在日常开车的过程中，有时会发现自己的发动机出现漏油的情况，那么出现这种状况有什么危害呢？

除了浪费机油，严重的可能导致发动机内部受损。此外，发动机温度非常高，机油渗漏到发动机上或其他高温附件上容易引起自燃，虽然机油的燃点在 200 ℃ 以上，但当它遇到工作温度高达几百摄氏度的涡轮增压器时，特别是当漏油的机油混合了其他杂质后，燃点降低，起火风险进一步增大。

一般常见的车辆漏油原因有：

（1）发动机装配不当，表面清洁不足，密封衬垫破损以及发生位移。

（2）密封部件安装没有按照规定流程进行，安装不到位，导致螺母螺丝紧固不足或过紧，发生螺丝松垮或者折断。

（3）润滑油添加过多或者添加错了油品，让发动机内部机油压力异常。

（4）产品质量问题，生产流程中出现纰漏导致发动机部件出现沙眼。

（5）发动机使用时间过长，密封部件老化失效。

（6）发动机内外压力差过大。导致密封薄弱处直接渗油。

（7）零件接合面弯曲变形或者受外力影响破损，无法实现压力平均完整贴合。

造成设备泄漏的原因各种各样，同时各个原因间又有很多影响因素相互交叉，使其变得更加繁杂。面对不同影响因素要作不同分析，并采取相应措施进行维护，不可一概而论。由此可见，设备漏油治理显得尤其重要，好的治漏方案不仅可以避免事故的扩大，同时也可以节能降耗。当然，对待生产设备的漏油问题，除了掌握其治理方法外，增加智能化监测手段和设备日常保养、点检，防患于未然才能更好地确保设备安全运行。

4.3 强化训练题

一、单选题

1. 两个滑动摩擦表面之间由于摩擦剂供应不足所形成的摩擦类型是（　　）。

A. 干摩擦　　　　B. 流动摩擦　　　　C. 边界摩擦　　　　D. 半液体摩擦

2. 有关润滑剂的描述正确的是（　　）。

A. 润滑脂的针入度越小表示润滑脂越软

B. 润滑脂在运转和停车时不易造成泄漏

C. 冬季和夏季通常选用相同的润滑油

D. 润滑剂选用时只要能达到润滑目的即可

3. 符合设备润滑管理中的"定质"要求的为（　　）。

A. 按规定的润滑部位进行注油

B. 按规定的润滑剂品种和牌号注油

C. 不同牌号的润滑油可以一起存放

D. 废油桶和新油桶可以串用

4. 润滑剂的冲洗作用是指（　　　　）。

A. 带走摩擦时产生的热量

B. 带走磨损下来的碎屑

C. 防腐和防尘

D. 使摩擦面上的负荷比较均匀地分布在摩擦表面

5. 中小型企业的仓库设置实行的是（　　　　）。

A. 一级管理，两级设库　　　　　　　　B. 两级管理，两级设库

C. 两级管理，一级设库　　　　　　　　D. 一级管理，一级设库

6. 表示润滑脂抗热特性的物理化学性质是（　　　　）。

A. 滴点　　　　　　B. 锥入度　　　　　　C. 皂分　　　　　　D. 机械安定性

7. 以下哪项不是润滑油的主要质量指标？（　　　　）

A. 黏度　　　　　　B. 闪点　　　　　　C. 滴点　　　　　　D. 酸值

8. 以下哪项不是润滑"五定"的内容？（　　　　）

A. 定时　　　　　　B. 定点　　　　　　C. 定量　　　　　　D. 定人

9. 以下哪种密封属于接触式密封？（　　　　）

A. 迷宫式密封　　　　B. 动力密封　　　　C. 磁流体密封　　　　D. 填料密封

10. 以下哪项不属于造成设备泄漏的原因？（　　　　）

A. 密封元件和材料选用不当　　　　　　B. 设备安装不好

C. 设备制造精细　　　　　　　　　　　D. 设备设计不合理

二、多选题

1. 设备的定期检查通常是由（　　　　）完成的。

A. 维修工人　　　　　　　　　　　　　B. 操作工

C. 专业检查工人　　　　　　　　　　　D. 设备管理工程师

2. 设备润滑中应该达到以下（　　　　）要求。

A. 每台设备的润滑都应该有固定的加油负责人

B. 设备润滑油量添加得越多越能达到润滑的目的

C. 进场合格的润滑剂品可直接添加

D. 设备润滑时需要保持注油工具的清洁

E. 操作工和维修工必须按照设备规定的润滑部位进行润滑

3. 设备润滑"五定"是哪"五定"？（　　　　）

A. 定点　　　　　　B. 定质　　　　　　C. 定量

D. 定人　　　　　　E. 定期

4. 下列关于润滑油选择的论述中正确的是（　　　　）。

A. 在高速轻负荷条件下工作的摩擦零件，应选择黏度小的润滑油

B. 在冬季工作的摩擦零件，应选用黏度小的润滑油

C. 在夏季工作的摩擦零件，应选用黏度小的润滑油

D. 受冲击负荷（或交变负荷）的摩擦零件，应选用黏度较大的润滑油

E. 磨损较严重和加工较粗糙的摩擦表面，应选用黏度大的润滑油

5. 下列关于润滑脂选择的论述中正确的是（　　　　）。

A. 重负荷的摩擦表面应选用针入度小的润滑脂

B. 高转速的摩擦表面应选用针入度大的润滑脂

C. 冬季或在低温条件下工作的摩擦表面，应选用低凝固点的润滑脂

D. 在夏季或在高温条件下工作的摩擦表面，应选用滴点高的润滑脂

6. 常用润滑图表有哪几种形式？（　　　）

A. 表格式　　　　　　B. 框式　　　　　　C. 图式　　　　　　D. 立式

7. 常用润滑方式包含以下哪几种？（　　　）

A. 手工加油润滑　　　　　　　　　B. 飞溅润滑

C. 油雾润滑　　　　　　　　　　　D. 油环、油链润滑

8. 润滑脂的主要质量指标有（　　　）。

A. 残炭　　　　　　B. 锥入度　　　　　　C. 滴点

D. 皂分　　　　　　E. 安定性

9. 润滑的作用是（　　　）。

A. 降低摩擦副运动产生的摩擦阻力　　　B. 提高设备运转效率

C. 延长机械设备使用寿命　　　　　　　D. 降低摩擦表面温度

E. 冲洗污染物及碎屑

10. 磨损的三个阶段分别是（　　　）。

A. 初期磨损阶段　　　B. 中期磨损阶段　　　C. 稳定磨损阶段　　　D. 剧烈磨损阶段

三、填空题

1. 润滑剂通常有_____、_____、固体润滑剂和气体润滑剂四种。

2. 搞好设备润滑工作的核心是搞好"五定"和_____。

3. 润滑油的组成是_____、_____。

4. 三级过滤是_____、_____、_____。

5. 设备润滑图表包含润滑剂的品种、_____、_____。

6. 按漏油部位来分可以有接触截面泄漏、_____、_____。

7. 设备漏油可以分为_____、_____、_____三种。

8. 密封按其相对运动状态来分的话可以分为_____和_____。

9. 常用的密封材料有纤维、高分子材料、_____、_____。

10. 接触式密封按密封件类型可以分为_____、碗形密封件密封和机械密封。

四、简答题

1. 设备润滑管理的意义是什么？

2. 设备管理部门在润滑管理方面的基本任务有哪些？

3. 设备清洗换油制度的主要要求是什么？

4. 常用的润滑装置有哪些？分别有什么特点？

5. 设备漏油防治的主要途径有哪些？

项目5 机电设备的维修管理

随着时间的推移，使用期限内机电设备的零部件可能会发生变形、磨损、生锈甚至损坏等现象，此时就要将发生故障的机电设备进行维修，否则机电设备的原有功能将难以满足企业的生产要求，进而直接影响企业的产能和经济效益。

机电设备的维修管理

机电设备维修是指机电设备发生故障或技术状态劣化后，为了恢复机电设备的生产能力或特定功能而进行的技术作业，包含维护和修理两种。机电设备的维修管理是指对机电设备维修全过程的管理，包括维修计划制订、工具与备件管理、维修过程管理以及验收等。机电设备维修及时与否、维修质量高低、维修计划是否合理、维修技术人员水平优劣、维修组织是否科学直接影响企业的经济效益，因此，机电设备维修管理是机电设备使用期管理任务中最重要的内容。

知识拓展

保护环境是我国的一项基本国策

随着人口的迅速增长和生产力的发展及科学技术的突飞猛进，工业及生活排放的废弃物不断增多，从而使大气、水质、土壤污染日益严重，自然生态平衡受到了猛烈的冲击和破坏，许多资源日益减少，并且面临着耗竭的危险。水土流失、土地沙化也日益严重，粮食生产和人体健康受到严重威胁，所以维持生态平衡、保护环境是关系到人类生存社会发展的根本性问题。保护环境是我国的一项基本国策。在第十二届全国人民代表大会第一次会议上，温家宝总理在做政府工作报告时也曾指出，要顺应人民群众对美好生活环境的期待，大力加强生态文明建设和环境保护。地球是人类赖以生存的家园，保护地球的生态平衡，人人有责。

企业在排放生产废料时要符合国家标准，我们也可以从自身出发，比如做好垃圾分类，尽量不使用一次性物品，节约用水、用电，不浪费粮食，做好身边的一些小事来保护我们生活的家园。生态环境关系人民福祉，关系子孙后代和民族未来，我们要坚持节约资源和保护环境的基本国策，着力推进绿色发展、循环发展、低碳发展，改善环境质量，维护人民健康。

5.1　机电设备维修计划的制订

5.1.1　机电设备维修方式

现代机电设备维修管理关注不同类别的机电设备采用何种不同的维修方式，在不影响企业生产的前提下，以最低维修成本快速有效地排除故障、恢复生产。国内外常见的维修方式有事后维修、预防维修、改善维修和无维修计划四种。

1. 事后维修

事后维修是指机电设备不能使用后再修理的非计划性修理。事后维修具体指不把某些机电设备列入企业的预防维修计划中，而是当机电设备发生故障或机电设备基本生产能力不能达到企业的要求时再对机电设备进行修理。事后维修是机电设备故障后才进行修理，因此能够充分使用零部件，修理的次数也比较少，所以经济性好。事后维修的缺点是机电设备故障发生是随机不可控的，机电设备发生故障会打乱生产计划，且容易发生机电设备维修不及时的情况。因此事后维修适用于发生故障后不影响企业正常工作的机电设备，或使用率低、修理简单且备件充足的机电设备，比如砂轮机（图 5-1）、普通车床（图 5-2）等。

图 5-1　砂轮机

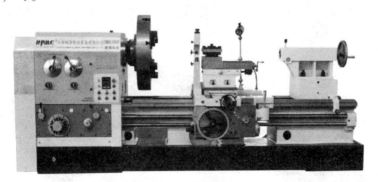

图 5-2　普通车床

2. 预防维修

预防维修是指为了防止机电设备基本生产能力达不到企业要求或为了降低机电设备出现故障的概率，以机电设备故障理论和磨损规律为依据，按提前制订的修理计划进行的维修作业。其包含定期维修和状态检测维修。

（1）定期维修。

定期维修是一种以机电设备的磨损规律和零部件的有效使用期限为依据，且维修时间是固定的预防维修方法。定期维修需要提前确定修理相关的信息，比如：具体时间、修理类别、具体工作量、要用到的材料和备件。由于定期维修需要事先确定修理的时间，因此有较长的时间对修理计划进行详细的安排。定期维修是有计划、有准备地对机电设备进行预防性维修，其优点是维修花费较少，修理质量相对较高，应用比较广泛。但定期维修的计划性太强，且检修周期是固定不变的，没有根据机电设备实际技术状态来确实维修内容，容易造成维修过多和维修不够。因此，定期维修适合已知机电设备寿命分布规律和摩擦损耗规律的流水线作业机电设备以及批量生产过程中用到的重要机电设备。

（2）状态检测维修。

状态检测维修是以机电设备具体状况为参考的一种高级预防维修方法，以需要维修机电设备的常规检查、状态监测和诊断所得到的结果为依据，再进行技术分析，由此来推断机电设备的实际损耗，并在机电设备发生故障前，及时采取有效的修理措施。此种维修方法综合了机电设备的各种技术信息，能够正确判断机电设备的磨损状况和趋势，为保障机电设备正常运行及最大程度使用零件奠定了基础。

3. 改善维修

改善维修是对机电设备某些部件或零件进行优化后，与修理相结合对机电设备加以改良，进而改善部分零件的可靠性和稳定性，达到消除机电设备原始缺陷、减少常发故障、缩减维修成本的目的。

4. 无维修计划

无维修计划是一种维修策略，是一种理想的设计状态。无维修计划是指机电设备在设计时就消除了导致故障的原因，默认机电设备在使用过程中无故障发生，从而达到无维修作业的目的。目前无维修设计应用在以下两个方面（图5-3），一是大批量生产的电器，比如空调、洗衣机、洗碗机等；二是可靠性要求很高的机电设备，比如核能机电设备、航天器等。

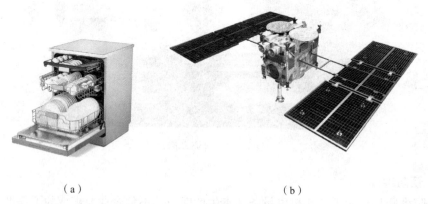

（a） （b）

图5-3 无维修计划的典型设备

（a）洗碗机；（b）航天器

企业可以依据自己的实际情况如机电设备数量、使用频率、维修难易程度及维修成本的高低，结合预防为主修理为辅的理念，综合考虑确定适合本企业的维修方式。

5.1.2　机电设备维修类别

以不同的修理任务、作业要求、修理工作量、维修成本等因素为依据，可将机电设备维修分为大修、中修、小修三类。

1. 大修

机电设备大修是一种耗时最长、工作量最大、花费最多的计划修理。当机电设备重要零部件严重磨损，机电设备精度要求远低于合格水平时，就需要进行大修。机电设备大修是对机电设备进行全面拆卸分解，修复或更换全部损耗严重的零件，全部刮削导轨面，修正和调整机电设备基准，使机电设备的精度和性能达到生产要求。机电设备大修通常不对机电设备的结构进行调整，不改变其主要生产能力。考虑到机电设备大修的修理任务重、工作量大，耗时一般在一年以上，因此企业需要提前做好大修的修理计划。

2. 中修

机电设备中修的修理时间、工作量、花费介于大修和小修之间，其内容包括：拆卸机电设备需要修理的部分，更换损耗严重的重要零件，调试机电设备系统，修正基准并紧固所有零件，以恢复机电设备的基本生产能力。机电设备中修在机电设备使用期限中比较常见，花费费用较少。

3. 小修

机电设备小修是一种耗时最短、工作量最小的计划修理，即日常的零星修理。其内容包括：根据对机电设备常规检查发现的且不影响生产的细小问题，拆解相关的零部件，快速确认产生问题的原因；对机电设备进行局部修理、修复或更换损耗严重的零件，以及机电设备清洗（图5-4），紧固松动零部件等。机电设备小修在机电设备使用期限中发生的次数最多，最为普遍，因此企业可将机电设备小修与日常点检、维护保养相结合。

图5-4　机电设备清洗

4. 修理周期

对已进行过大修的机电设备来说，修理周期是指两次相邻大修之间的间隔时间；对未进行过大修的新机电设备来说，是指启用到第一次大修之间的间隔时间。修理周期一般以年或月为单位。

5. 修理间隔期

修理间隔期是指两次相邻计划修理之间的时间间隔，一般以月为单位，确定修理间隔期时，应使机电设备修理计划外停机时间最短。

6. 修理周期结构

修理周期结构是指在一个修理周期内，进行的各种修理方式的次数和排列顺序。即两次大修的间隔时间之间，中修和小修及定期检查的次数和排列顺序。

5.1.3　机电设备修理复杂系数

随着我国制造业的发展，机电设备越来越复杂，种类也逐渐增多，仅仅通过对机电设备的外形、结构、重量进行描述，不能准确地体现维修的复杂程度。为了方便统计维修的工作量，就需要一个能准确体现机电设备维修难易程度的参照物，也就是机电设备修理复杂系数，用 F 表示。在国内，经常根据机电设备修理复杂系数来衡量计算机电设备修理工作量，也就是将机电设备修理复杂系数作为计算基数，得到所需的修理工作量、修理成本、修理耗时等。事实证明，通过机电设备修理复杂系数计算得到的企业或工厂年度机电设备修理工作量更为准确，是多台同类机电设备的平均数。因此机电设备修理复杂系数适用来编制企业的年度修理计划。机电设备的结构复杂程度、工艺特性、维修难易程度等众多因素都会影响机电设备修理复杂系数。通常，机电设备结构复杂程度越高、功能越全面、精度越高、尺寸规模越大，则该机电设备的修理复杂系数就越大。

1. 机电设备修理复杂系数

为了方便对机电设备各系统的修理复杂程度进行区分，可将修理复杂系数分为机械修理复杂系数，以 JF 表示；电气修理复杂系数，以 DF 表示；热力设备修理复杂系数，用 $F_热$ 表示。

（1）机械修理复杂系数。

机械设备修理复杂系数主要是体现机电设备的机械结构部分的修理复杂程度。并假定以 5 级机修钳工大修一台中心轴距为 1 000 mm 的 C620-1 型车床所消耗工作量的修理复杂程度，为 11 个机械修理复杂系数。

（2）电气修理复杂系数。

电气设备修理复杂系数是表示机电设备的电气部分，比如压缩机、风机等的修理复杂程度。并假定以标准等级的电工彻底大修一台额定功率为 0.6 kW 的防护式异步笼型电动机所消耗工作量的修理复杂程度，为 1 个电气修理复杂系数。

（3）热力设备修理复杂系数。

热力机电设备修理复杂系数是表示热力设备和其他机电设备热力部分的修理复杂程度。并假定以标准等级的热工工人大修一台 IK6 水泵所消耗工作量的修理复杂程度，为 1 个热力修理复杂系数。

表 5-1 是一些常见机电设备的修理复杂系数，更多机电设备的修理复杂系数可查阅《机械动力设备修理复杂系数手册》。

表 5-1　常见机电设备的修理复杂系数

机电设备名称	型　号	机电设备规格 /mm	复杂系数	
			机械	电气
卧式车床	C620-1	$\phi400\times1\ 000$	11	4
立式钻床	Z525	$\phi25$	5	2
摇臂钻床	Z35	$\phi50$	12	7
牛头刨床	B665	650	10	4
万能外圆磨床	M131W	$\phi135\times1\ 000$	12	12
万能升降台铣床	X52W	$320\times1\ 250$	13	7

2. 影响机电设备修理复杂系数的因素

相同的机电设备在不同的使用条件下，其修理复杂系数也不尽相同。

(1) 机电设备电气控制部分的复杂程度，是影响电气修理复杂系数的关键因素。

(2) 机电设备的零件数量越多、尺寸越大、精度越高且加工功能越全面，则机电设备的 F 值越大。

(3) 机电设备的工作条件越苛刻，比如压力、温度、湿度等要求越高，则机电设备的 F 值也越大。

3. 机电设备修理复杂系数的用途

(1) 计算企业管理工作量及车间机电设备修理工作量。机电设备修理复杂系数与修理工作量成正相关。根据机电设备修理复杂系数，企业可以确定机电设备管理组织构架，且合理地配备技术人员的数量和等级。

(2) 是制定各种定额的基准。机电设备管理工作中的各种定额是以修理复杂系数为基准来确定的。

(3) 是确定机电设备等级的主要依据。

(4) 是制订各类维修计划和研究分析企业经济效益的重要依据。

4. 确定机电设备修理复杂系数的方法

(1) 公式计算法。

公式计算法是工程师通过实践分析，并根据机电设备型号规格、结构特性、基本尺寸等因素总结出经验公式来计算机电设备的 F 值。公式法的优点是计算简便，且不受地区和行业的限制，只需参照公式计算即可，因此在企业中应用普遍。但公式计算法只适用于通用机电设备，对专用机电设备很难用公式计算 F 值。

(2) 分析比较法。

分析比较法是通过确定具有代表性的参照物并以参照物的 F 值为标准，再将其他机电设备与参照物进行对比，以此得到其他机电设备的 F 值。比较法又可以分为整台比较法、部件分析比较法、修理工时分析比较法三种。

整台比较法：顾名思义就是用整台机电设备与参照物进行对比。将一台 C620-1 型车床的 F 值定为 11，以此为标准，来确定其他机电设备的 F 值。整台比较法简洁高效，但精确度较差。

部件分析比较法：某些机电设备不可进行整台比较，但可进行部件对比。部件分析比较法是将两个结构特性相似的机电设备进行对比，但只需要已知其中一个机电设备的 F 值，就可将这两个机电设备的部件逐一进行比较，得出各部件的 F 值，再进行相加，其总和为该机电设备的 F 值。比如组合机床或机电设备的液压部分，可采用部件分析比较法。

修理工时分析比较法：即将机电设备大修实际所用工时和单位修理复杂系数的工时定额相比较。

随着机电设备的更新换代，机电设备结构也趋向复杂化，特别是控制系统也更为复杂，不管是用比较法还是公式法确定修理复杂系数都有一定的不足之处。首先，机电设备的类型较多，机电设备结构之间存在很大差异，很难精准确定各种机电设备的 F 值。其次，现代机电设备已不是由单纯的机械结构所组成，大量新颖的技术结合在机电设备当中，因此仅仅以修理钳工工作量确定机电设备的 F 值，结果必然不准确。而且，在比较法中只要机电设备型号相同，F 值就相同，以此得到的复杂系数没有反映该机电设备的实际技术状况及损坏程度，对一台使用过的机电设备来说，其修理工作量不但取决于机电设备修理复杂系数值，而且还与实际技术状态有关。

5.1.4 机电设备修理定额

机电设备修理工作定额包括：修理工时定额、停歇时间定额、材料消耗定额及修理费用定额等。机电设备修理工作定额是编制机电设备修理计划，分析修理工作包含的各项消耗及修理活动经济性的重要参考。因为各个企业的具体情况不尽相同，如生产内容、机电设备类型、作业环境、维修能力等，所以企业的机电设备修理定额也不相同。企业应根据自身机电设备管理的具体情况比如机电设备磨损程度、腐蚀程度、需要修理的内容、加工零件数量、零件复杂程度等，并考虑企业技术人员的专业结构配备、维修水平，来合理确定机电设备维修定额。在我国，一般以机电设备修理复杂系数为基本依据，计算考核机电设备修理定额。

1. 修理工时定额

修理工时定额是指完成各种修理工作所需要的工时数，也就是完成机电设备修理需要的时间。经常用一个 F 值所消耗的时间来表示。修理工时的长短主要受机电设备结构、机电设备检修的工艺特点、维修工人技术水平及施工管理技术等影响，企业可根据实际情况自行确定修理工时定额。表 5-2 列出了不同机电设备的一个修理复杂系数的修理工时定额。需要注意的是表中的修理工时定额是以五级工的水平计算的，非五级工需要乘以技术等级换算系数。

表5-2 不同机电设备的一个修理复杂系数的修理工时定额 （单位：h）

检修类别	小修				定期检查				精度检查		
机电设备类别	合计	钳工	机工	电工	合计	钳工	机工	电工	合计	钳工	电工
一般机床	13.5	9	3	1.5	2	1	0.5	0.5	1.5	1	0.5
大型机床	16.5	11	4	1.5	3	2	0.5	0.5	2.5	2	0.5
精密机床	19.5	13	5	1.5	4	3	0.5	0.5	3.5	3	0.5
锻压机电设备	14	10	3	1	2	1	0.5	0.5	—	—	—
起重机电设备	8	5	2	1	2	1	0.5	0.5	—	—	—
电气机电设备	7.5	—	0.5	7	1	—	—	—	—	—	—
动力机电设备	16.5	11	4	1.5	2	1	0.5	0.5	—	—	—
其他机电设备	9	5	3	1	1.5	1	0.5	—	—	—	—

表5-3为技术等级换算系数。已知机电设备的修理复杂系数和每一个修理复杂系数对应的工时定额后，就可以计算出修理机电设备的所需工时。

表5-3 技术等级换算系数

技术等级	1	2	3	4	5	6	7	8
换算系数	1.93	1.64	1.32	1.18	1	0.85	0.72	0.66

2. 停歇时间定额

停歇时间定额是指机电设备停止工作，从交付修理开始到修理完毕，经质量检验合格后投入生产的所有时间。做好修前准备工作，比如收集技术资料、编制修理工艺、确定备件、准备修理用的材料等，可减少机电设备的停歇时间。假设做好了各项修前准备工作，机电设备的停歇时间就主要由修理钳工劳动量决定；对于电气系统复杂程度较高的机电设备，如果电气修理复杂系数大于机械修理复杂系数，则机电设备修理停歇时间由电工劳动量决定。机电设备修理停歇时间定额计算公式如下：

$$T = \frac{GF}{MHDK} + T_0$$

式中，T——机电设备停歇时间，单位：天；

G——每一个修理复杂系数的钳工工时定额，单位：h，可以通过查阅《机械动力设备修理复杂系数手册》获得；

F——修理复杂系数；

H——每个工作班的工作时间，单位：h；

M——每天的工作班次；

D——在每个工作班内所用到的钳工人数；

K——修理工时定额完成系数，该值与技术人员的级别有关，如果级别为5级，则$K=1$；

T_0——附加停歇时间，比如清理厂房、修后涂漆干燥、试车验收等修理之外的时间，单位一般为天。

3. 机电设备修理材料消耗定额

机电设备修理材料消耗定额是指为了完成机电设备修理工作所规定的材料消耗标准，包括金属和非金属材料，可用每一修理复杂系数所需材料数量来表示。机电设备修理常用的材料有铸铁、铸钢、耐磨铸铁、合金钢、有色金属等。相同机电设备修理类别不同，材料消耗定额也是不同的，可参考表5-4。

表5-4 各类机电设备主要材料消耗定额

机电设备类别	修理类别	一个修理复杂系数主要材料消耗定额							
		铸铁	铸钢	耐磨铸铁	碳素钢	合金钢	锻钢	型钢	有色金属
金切机床	大修	12	0.25	1	13.5	6.6	—	0.5	1.6
	中修	7	0.2	0.3	8	3	—		1
	定期检查	1	0.05	0.1	2	1	—		0.5
锻造机电设备、汽锤、剪床、打磨压力机	大修	11	15	—	12	20	30		4
	中修	5	3	—	4	8	7		2
	定期检查	2	—	—	2	3			0.4
压力机液压机	大修	19	30		17	15	40		8
	中修	10	7		8	7	10		4
	定期检查	4	—		3	2			0.8
木工机床	大修	5	—		8	5	—	15	0.7
	中修	2	—		4.5	2.5		3	0.5
	定期检查	0.5	—		1	0.8			0.2
起重机电设备运输机电设备	大修	6.5	7		10	6	3	40	2
	中修	2.5	4		4	3		20	1
	定期检查	0.7	1		1.5	1		8	0.4
铸造机电设备	大修	40	15		11	11			0.3
	中修	15	6		5	5			0.3
	定期检查	5	2		2	2			0.1
空压机	大修	3	—	—	钢材8	—	—	—	铸件2
	中修	2	—	—	钢材4				铸件1.5
	定期检查	1	—	—	钢材1.5				铸件0.5

4. 机电设备修理费用定额

机电设备修理费用定额是指为完成机电设备修理任务所规定的费用标准，机电设备修理费用定额的合理性决定了企业修理工作的经济性。在机电设备修理中企业要取得良好经济效益，必然最大程度减少维修支出。修理费用定额主要由三大块组成，分别是机电设备修理复杂系数的人工费用、材料消耗费用以及车间消耗经费，对机电设备大修时还需要考虑企业的管理费用。机电设备修理费用定额计算公式如下：

$$G_F = D_{z0}N + \sum (C_g C_a) + D_{z0}J_C$$

式中，G_F——单位修理复杂系数修理费用定额，单位：元；

D_{z0}——单位修理复杂系数总工时定额，单位：h；

N——每小时工资费用、工资附加费和辅助工资等，单位：元/h；

C_g——单位修理复杂系数各种材料消耗定额，单位：kg；

C_a——各种材料单价，单位：元；

J_C——每小时分摊的车间经费，单位：元/h。

5.1.5 机电设备维修计划的编制

企业管理机电设备修理工作是以机电设备维修计划为依据，因此机电设备维修计划需要真实、准确地反映机电设备损耗与生产之间的关系，否则容易出现机电设备修理期与生产期冲撞的情况。机电设备维修计划是组织修理的前提，一份完善合理的维修计划，不仅能帮助企业节省修理费用，延长机电设备寿命，更重要的是减少生产过程中出现临时故障的现象，以及减少因机电设备故障而造成的质量问题。机电设备维修计划可分为按时间进度编制的计划和按修理类别编制的计划，其中按时间进度又可分为年度、季度、月份计划。

1. 维修计划的编制依据

科学合理的编制依据能使机电设备维修计划准确可行且有利于企业生产，机电设备维修计划编制的依据主要有以下五个方面：

（1）机电设备的技术状态。

准确的机电设备技术状态信息是编制一份合理的维修计划的基础。技术人员可综合日常检查、状态监测记录、故障维修记录、机电设备信息资料、年度机电设备检修结果等机电设备相关信息进行分析，并将分析结果记录在机电设备技术状态普查表，上报给机电设备管理部门。机电设备技术状态普查表填写完后，需要由车间机械员、机电设备操作人员和检查人员共同签字。对技术状态劣化或不能满足生产要求的机电设备，应根据实际情况列入年度、季度或月份维修计划。机电设备技术状态普查表格式可参考表5-5。

表5-5 机电设备技术状态普查表

编号：　　　　　　　　　　　　　　　　　　　　　　日期：　　年　　月　　日

机电设备编号		机电设备名称		型号规格		复杂系数	
制造厂商		出厂编号		出厂日期		投产日期	
使用单位		上次修理日期		类别		使用情况	
目前使用情况及存在问题	1. 机电设备各传动导轨面部分的使用情况：						
	2. 各转动、传动部分的使用情况：						
	3. 各润滑系统：						
	4. 加工产品的精度、表面粗糙度：						
	5. 电气系统电气机电设备运行情况：						
	6. 机电设备外观、附件、安全装置：						
车间机械员		操作人员		检查人员		检查日期	

（2）工艺及产品质量对机电设备的要求。

机电设备完好是产品合格的保证，企业的生产工艺及产品质量对机电设备的要求是编制维修计划的重要依据之一。产品的工艺、质量要求由企业相关部门根据产品的实际生产情况提出，如果机电设备的实际加工能力无法满足生产要求，则应制定相应的维修措施。

（3）维修能力的实际情况。

综合考虑企业维修能力的具体情况，制订合理的维修计划，尽量平衡生产需求和维修资源，如果企业自身不能实施修理，可以全部或局部委外修理。

（4）安全与环境保护的要求。

根据国家和有关主管部门的规定，当机电设备的安全防护装置不满足要求，机电设备排放的气体、液体、粉尘等对环境造成污染时，应采取适应的修理措施。

（5）机电设备维修周期及维修间隔期。

对定期维修的机电设备，比如连续性生产机电设备、自动化生产线的机电设备，它们的维修周期和维修间隔期是以机电设备磨损规律以及主要零部件的寿命为依据确定的。

2. 编制维修计划的原则

（1）生产任务和维修时间的平衡。

根据先重点后一般的原则，生产急需的、影响产品质量的重点机电设备，应优先安排维修。具体实施维修的过程中，应该尽量减少重点机电设备加工时间与维修时间的冲突。单一的没有其他相同类型的机电设备应该尽可能避开生产时间维修，这样可以减少机电设备停歇时间，降低机电设备维修对生产的影响。连续或周期性生产的机电设备，应该根据机电设备的使用频率合理安排检修时间。

（2）注意维修任务与维修能力的平衡。

维修能力是指企业为维修机电设备配备的人员，包含人员工种、技能、熟练程度和人员数量等。制订维修计划时，应根据企业实际维修能力，并考虑到每个月的维修任务，使该年维修工作量能够均衡地分布。企业可以根据修理复杂系数大概确定维修人员。

（3）维修内容与维修材料的平衡。

维修材料包括：加工件、外购件、外协件、备件以及各种标准件等。合理安排维修材料，保证维修周期与材料供应间的匹配，可以减少库存，减少等待时间，提高维修质量。对维修需要用到的大型加工零件，可以在计划中明确说明机电设备停机大修前开始加工。委外加工的复杂部件，可以提前与合作单位签订加工合同，提出具体的技术质量要求，并约定到货时间，避免因到货不及时而延长维修时间。

3. 年度修理计划的编制

年度机电设备修理计划是企业一年内机电设备维修工作的重要参考资料。年度机电设备修理计划主要包括大修、中修、小修、技术改造和日常检查等。年度修理计划的编制程序如图5-5所示。

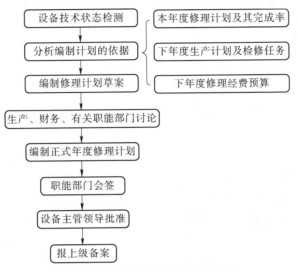

图 5-5　年度修理计划的编制程序

（1）收集资料。

做好资料收集和分析工作是编制计划的基础。资料收集主要包括两个方面，一是机电设备技术状态方面的信息，比如机电设备修理复杂系数、机电设备维修定额、故障维修记录、机电设备普查技术状态表等。二是企业年度生产计划、有关产品工艺要求、质量信息及备件库存情况等资料。根据这些信息来确定重点关键机电设备可能交付修理的时间、机电设备停歇天数以及维修需要准备的备件数量和种类。

（2）编制草案。

在正式提出计划草案前，机电设备管理部门应该组织工艺、技术、生产、质量等部门，进行综合分析讨论，预测修理前技术准备工作、生产准备工作可能需要的时间，力求综合必要性、可靠性和经济性。

（3）平衡审定。

计划草案编制完毕后，应分发到生产、工艺、技术、财务、质量等部门确认，并提出修理工作的增减、机电设备停歇时间、停机交付修理日期等相关的修改意见。均衡各方需求后，由机电设备管理部门正式提出年度修理计划表。

（4）下达执行。

计划草案经过审定批准后，一般在每年年底由企业生产部门下达给其他各个部门，由机电设备管理部门或车间负责执行。年度修理计划是执行修理工作的依据和保障，也可以根据年度修理计划对企业的年度生产计划进行审核。

4. 季度修理计划的编制

季度修理计划是年度修理计划的具体实施，包括年度计划分解出来的大修、中修、技术改造、小修、定期维护等维修工作，是根据机电设备的实际技术状况和企业季度生产经营的情况编制的。编制前还要明确维修的具体内容、生产准备工作以及修理工作量和维修耗时。与编制年度修理计划相比，季度修理计划少掉了收集资料这个步骤，因为季度修理计划是从年度修理计划分解得来，资料收集这一步已经在年度修理计划里做了。季度修理计划按照编制草案、平衡审定、下达执行三个基本程序进行编制，并在前一季度最后一个月上旬，由企业生产计划部门传达到各个单位。

5. 月份修理计划的编制

月份修理计划是从季度修理计划分解得来，亦是更加具体的执行计划，主要包含以下三个内容：

（1）按年度分解的大修、中修、技术改造、小修、定期维护等计划好的修理工作。

（2）机电设备的精度调整。当机电设备的精度出现问题的时候，可能会影响生产，就应该尽快安排修理计划。从时间上来看安排到年度、季度修理计划当中都比较久，安排到月份修理计划更合适。

（3）月份修理计划还应包含上个月机电设备故障修理遗留的没有解决的问题，以及定期检查发现的需要及时解决的问题。

企业可以参考上个月修理计划的完成情况并综合考虑本月份的生产任务编制月份修理计划。编制前还要确定需要修理的机电设备数量、企业的修理能力，以及具体开工、竣工日期等信息。通常在每个月中上旬编制好下一个月份的具体修理方案，并经过有关部门会签和主管负责人批准后，由生产计划部门传达至每个部门，与生产计划同时检查考核。

6. 修理计划表

年度、季度、月份机电设备修理计划表都需要包含机电设备修理相关的基本信息，表格格式可参考表5-6。

表5-6　年度（季度/月份）机电设备修理计划表

编号：　　　　　　　　　　　　　　　　　　　日期：　　年　　月　　日

序号	使用单位	机电设备编号	机电设备名称	型号规格	机电设备类别	修理复杂系数			主要修理内容	修理工时定额					停歇天数	计划进度		修理费用	承修单位	备注
						机	电	热		合计	钳工	电工	机加工	其他		季	月			

总工程师：　　　　　　　机电设备科长：　　　　　　　　　计划员：

5.2　机电设备维修工具与备件的管理

5.2.1　机电设备维修工具管理

对机电设备进行维修作业时，一定会用到工具。工具管理是对工具进行领用、使用、保存而进行的一系列工作。工具也属于企业的固定资产，因此工具管理是企业管理工作的重要内容。工具管理的任务一是合理地组织工具的生产、采购，保证工具供应，满足修理工作的需要和生产需求；二是建立完善的工具管理制度，做到正确保管、使用和回收废弃工具，不断降低工具的消耗量和储备量，节省因工具购买和修理产生的费用开支。工具分为通用工具和专用工具。

1. 通用工具和专用工具

通用工具是比较常见且用得较多的一些测量工具和检修工具。比如常见的有游标卡尺、千分尺、扳手、起子、尖嘴钳等（图5-6）。通用工具一般根据行业标准或国家标准制作和生产，因此通用工具可以直接向外购买获得。专用工具是指仅适用于零件特定工序的工具，一般是由企业自行研发制造。

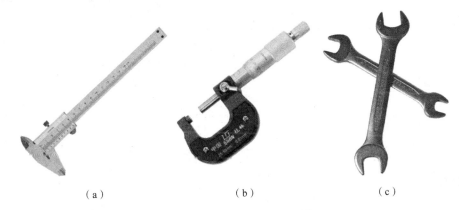

（a）　　　　　　　　　　（b）　　　　　　　　　　（c）

图5-6　一些常见的通用工具
（a）游标卡尺；（b）千分尺；（c）扳手

2. 选择和配备工具的原则

工具的品种规格繁杂，数量庞大，做好工具管理对提高生产效率、降低生产成本、保证企业生产的经济性等具有举足轻重的意义。选择和配备工具应该注意以下三个原则：

（1）企业应根据重要生产机电设备的型号规格和数量选择并配备相应的通用工具，并且工具的规格和精度等级能够满足大部分机电设备的维修要求。购买工具时应根据机电设备维修的实际需要合理安排。

（2）由企业自己负责大修机电设备时用到的专用工具，应该根据维修计划准备，不需要过早储备，过早储备会增加工具资金的压力和占用储备空间。对于企业极少用到的或者价格昂贵的非必要的工具可以不配备，通过向外租用或借用来解决问题。

（3）应该根据检测机电设备要求的公差范围，来选择符合精度要求的通用工具，以确保测量数值在允许的误差范围。

3. 工具室的选用

一般企业会设立专门存放和保管各类工具的工具室，并且配备专职人员负责管理。选择工具室时应该注意，维修工具大多是由金属材料制成的，为了防止工具生锈，工具室应该能适当控制温度和湿度。另外，为了满足大型工具的搬运条件，工具室应该配有起重搬运设施和相应的工具架。

4. 公用工具的管理

企业的工具可以分为两类，一类是企业员工专用工具，另一类是公用工具。员工专用工具由个人领取使用并负责保管，公用工具由专职人员负责管理。对公用工具进行管理时，要注意以下八点：

（1）严格办理入库手续。凡是新购买、制造的工具，确定具备合格证和相应的检查记录，经检验合格后才可入库。入库后应按管理制度要求的位置和方式存放。根据工具的材料不同采取相应的防锈措施，防止生锈。

（2）企业要建立公用工具的借用办法，借用工具时必须办理相关书面手续。工具借用登记表中应该准确写明借用工具的相关信息，比如机电设备名称、型号，此外还应写清楚借用人、借用日期和归还日期。工具借用登记表格式可参考表5-7。

表 5-7　工具借用登记表

机电设备名称		机电设备型号	
出厂编号		机电设备管理部门	
生产厂家			
随机配件		借用原因	
借用人	工　号		联系方式
发放人		接收人	
借用日期		备　注	

（3）为防止工具使用过程中出现因操作失误而损坏的情况，高精度的仪器、工具应由经过专业培训的人员负责使用。

（4）归还借用工具时，必须要仔细检查外观有无损伤或精度是否下降。如果出现异常情况，应该经过维修鉴定部门维修并且检查合格后方可以入库。

（5）工具管理人员应该定期将高精度工具送到相关部门进行检查，对检查不合格的工具，如果经过维修后能恢复到原来的水平，则可以继续使用。对变形严重而且无法修复的工具，经过专业人员鉴定确认后，工具管理人员应向上一级领导申请报废。报废后，工具管理人员应及时采购补充工具数量。

（6）企业应建立工具维护保养制度，工具管理人员应定期对工具进行检查维护保养，延长工具的使用寿命。

（7）企业还应建立工具的台账和标识卡，对台账和标识卡定期清点，做到账、卡、物一致，也就是台账、标识卡、物品能够对得上。如果发现有工具借出后，期限届满仍未归还的情况应催促归还。如有发现工具丢失，应报告上一级领导查找处理。

（8）对于机电设备自带的工具，工具管理人员做好台账、标识卡的登记后，再发放给机电设备使用人员。

5. 员工专用工具的管理

对员工专用工具进行管理时，要注意以下五点：

（1）企业员工正式入职时，在工具管理人员处登记并领取一套专用工具。

（2）员工专用工具属于公司财产，根据工具谁领用谁负责的原则，个人工具不得私自拆卸、私自维修，更不得私自转赠他人。

（3）员工专用工具发生丢失或非正常损坏的情况，应该由员工个人立即补上相同的工具。如果是正常使用过程中发生损坏则可以经过部门领导批准后，在工具管理人员处以旧换新，工具管理人员应做好相应的记录工作。

（4）工具管理人员应该根据工具的发放记录，编制个人工具月份检查记录表，下发至维修人员手中，并对员工专用工具进行定期检查，以便及时了解工具的损耗情况。

（5）经过多次使用的工具，经技术人员确认无法再次修复或者没有维修价值后，按企业规定流程进行报废。

企业应以自身的实际情况为依据，建立并不断完善自己的工具管理制度。

5.2.2　机电设备备件管理内容

机电设备在维修过程中可能会出现零件损耗严重，需要更换的情况，这就需要用到备用的零件，也就是备件。对机电设备进行维修工作时，为了尽量减少停歇时间，将容易磨损、生产或采购周期长、加工精度要求较高的零件，事先采购和储备好，这些提前按照一定数量储备好的零部件，统称为备件。备件管理是维修管理工作的重要内容，在大中型企业中，备件种类繁多，可多达上千种，占用的流动资金比较大，容易增加企业的生产成本。科学合理的备件储存数量能够提高维修工作的效率，减少企业流动资金和库房的压力，使维修工作经济性最好。

1. 备件的范围

（1）维修用到的配套零件，如滚动轴承、传动带、链条、继电器等零件。

（2）小型传动件，也就是机电设备结构中传递主要负荷的零件或负荷较重的零件，以及结构比较薄弱的零件，如联轴器、小齿轮。

（3）高精度零件，包括机电设备说明书中列出的保持机电设备精度的重要运动件和容易损坏的零件，如主轴、高精度齿轮、丝杠副、蜗轮副。

（4）特殊机电设备、稀有机电设备及精密机电设备的一切更换零件。这些机电设备的更换零件也许不具有通用性，临时采购可能会来不及应提前储备。

（5）频繁摩擦的零件，如摩擦片、滑动轴承、丝杠副。

（6）复杂的加工零件，如因加工工序多、工艺复杂而导致生产周期长或企业不具备加工能力需要外购的零件，也需要提前储备。

（7）因在高温、高压以及有腐蚀性介质的环境下工作，容易发生变形、腐蚀、断裂而损坏的零部件，如热处理用的底板和炉罐。

（8）对于流水生产线上的机电设备和普通生产线上的重点机电设备，应该储备充分的易损件或成套件。一旦流水线上有一台机电设备发生故障，整个流水线就都要停下来，储备充分的易损件和成套件，有利于及时解决机电设备发生的突发状况。

由于企业的性质以及具体经营情况不同，各企业的划分标准也是不同的，企业可以根据自己的实际情况制定自身的备件划分标准。需要注意库存备件应该与机电设备、低价值的易耗品、材料、工具等区分开来。

2. 备件的种类

为了方便管理，按照不同的分类标准，可以对备件进行分类。

（1）按照零件来源，可以将备件分为自制备件和外购备件。自制备件顾名思义就是指企业自己设计、制造、加工的专用零件。一般有一定规模的企业具备精加工车间，可以自行加工机电设备维修需要的零部件。外购备件是指其他厂家生产的标准零件。这些零件的结构、规格和技术参数都符合国家生产标准或者行业标准，并且零件广泛使用。由于企业自行加工零件的能力有限或者从生产成本上考虑，许多机械零件如高精度齿轮、机床主轴、摩擦片等零件，采用外购的方式更划算。

（2）按照零件的使用频率，可以将备件分为常用备件和非常用备件。常用备件是指使用频率高、机电设备停机损失大、单价比较低且无法预知使用寿命，因此需要储备一定数量的零件，如容易损坏的零件、消耗量大的配套零件等，像常用的电气元件、轴承都是常用备件。非常用备件是指不经常使用、停工损失小、单价较高的零件，如保持机电设备精度的重要运动件。这类零件虽然不经常用到，但也需要储备。

（3）按零件的精度等级，可以将备件分为关键件和一般件。关键件是指原机械部规定的七类关键件，一般备件是指除了关键备件外的其他备件。

（4）按照零件的制造材料，可以将备件分为金属件和非金属件。金属件就是用黑色和有色金属材料制造的零件，如齿轮、摩擦片。非金属件是指用非金属材料制造的零件，如垫片、活塞环。

（5）按零件传递能量的方式，可以将备件分为机械备件和电气备件。机械备件是指在机电设备中通过机械传动传递能量的备件，如轴承、齿轮、带轮；电气备件是指在机电设备中通过电气方式传递能量的备件，如电动机。常见机械备件和电气备件如图 5-7 所示。

（a）   （b）   （c）

图 5-7　常见机械备件和电气备件
（a）轴承；（b）带轮；（c）电动机

3. 备件管理的目标

在不影响机电设备维修作业的前提下，使备件储备花费的资金最少，是企业追求的备件管理目标，也就是要做到以下四点：

（1）将因机电设备突发故障所导致的生产损失降到最低。当机电设备突然发生故障需要更换某些关键零件时，若企业的备件库刚好储备了该类零件，就可以缩短机电设备维修的时间，减少停工损失。

（2）将修理作业的停歇时间和修理成本减到最小。这就需要合理的储备备件的数量和种类。

（3）尽量压缩备件的采购、制造和保管成本。

（4）采用高效合理的备件管理方法，做到信息准确、反馈及时，在不影响机电设备维修作业的前提下将备件储备量减少至最低水平。

4. 备件管理的任务

备件管理的主要任务有四点，分别是保管备件、供应备件、备件市场信息收集和反馈、控制管理成本。

（1）保管备件。

企业应该组建备件管理部门并结合企业自身的实际情况，科学合理地确定备件储备类别、储备形式和储备定额，做好备件管理工作。

（2）供应备件。

备件管理部门应高效快速地向维修人员提供需要的备件，重点做好关键机电设备备件的供应，确保维修作业顺利进行，保证机电设备的正常运行，减少企业停机损失。

（3）备件市场信息收集和反馈。

备件管理人员要做好外购备件的质量信息和经济信息收集工作，以便提高和改进备件的使用性能。采购人员要及时掌握外购备件的市场供货质量、供货价格，制订备件外购计划并及时反馈给备件管理人员。

（4）控制管理成本。

影响备件管理成本的因素有很多，比如备件的资金成本、储备成本、管理人员成本。企业在做好备件管理工作的前提下，尽量降低备件储备资金，在确保维修工作顺利进行的前提下降低备件的管理成本。

5. 备件管理的具体内容

备件管理工作流程如图 5-8 所示。

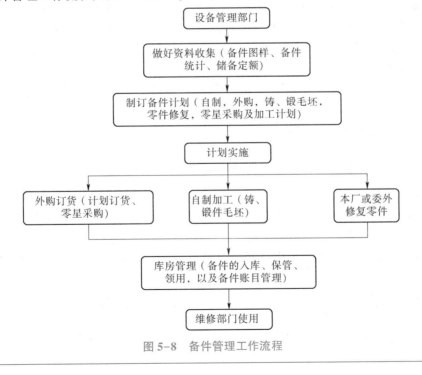

图 5-8　备件管理工作流程

（1）备件的技术管理。

备件的技术管理工作包括对备件图样的收集、整理、校核，编制备件图册以及确定储备定额等技术资料。

（2）备件的计划管理。

备件的计划管理是指从提出外购备件的采购计划和自制备件的制造计划开始，到备件入库这一段时间的工作内容。备件计划分别是自制备件计划、外购备件计划、铸造及锻造毛坯件的制造计划、备件零星采购及加工计划以及备件的修复计划。随着社会综合服务能力增大、市场服务质量提高，常用备件的管理不再过分强调计划性，但对于专用机电设备备件、难以采购的配件和关键件，可以根据企业生产需求合理制订备件计划。

（3）备件的库房管理。

备件的库房管理是指从备件入库到出库这一段时间的管理工作。包括备件入库时的质量检查工作，以及按要求清洗、涂油防锈、包装、登记上卡、上架存放等工作。备件的管理人员要对所有库存备件进行统计并建立库存信息，备件的入库、出库要依照企业规定做好记录。此外备件库房应该保持清洁、安全并符合消防要求。

（4）备件的经济管理。

在计划采购备件，备件入库、出库到维修部门使用这个过程中，还应注意做好备件的经济管理。备件的经济管理主要包括备件库存资金的审核，备件出入库账目管理，备件的成本、耗用量、资金定额的核定等。

5.2.3　机电设备备件的储备定额

储备定额是指企业在不影响正常生产和维修质量的前提下，遵循备件管理经济性最好的原则，所确定的备件储备数量、库存资金和储备时间的限额。确定备件的储备定额是备件管理工作的重要内容，它是指导备件订货、制造、储备以及经济合理地管理备件库房的依据。

1. 备件的储备形式

为了提高管理效率，按照不同的分类标准，可以对备件的储备形式进行不同的分类。

（1）按照备件的管理体制，可以将备件的储存形式分为集中储存和分散储存两种。

集中储存是对于同一行业或同一地区企业需求量极大的通用备件，集中统一建立备件库进行储备，不需要企业单独建立库房。集中储备可以减少企业备件资金占用、降低储备成本、提高企业经济效益。但集中储存如果管理不善，可能会出现备件供应不及时的情况，严重的话可能会影响企业经营效益。

分散储备是企业根据自身生产规模及维修作业需求的实际情况，自行建立的备件库。

（2）按备件的作用划分，可以将备件的储备形式分为经常储备、保险储备和特准储备三类。

经常储备又称周转储备，储备的备件一般为易损坏、消耗量大、更换频繁的零件。经常储备是为确保企业日常机电设备维修作业需要而成立的备件储备，也为满足前后两批备件进厂的间隔时间内企业的维修需求。机电设备的经常储备量是不断变化的，经常从最大储备量逐渐降低到最小储备量，是企业备件储备中的可变部分。

保险储备又名为安全裕量，是为了防止在备件供应过程中因发生不可抗力因素、备件质量不合格、维修需量突然增加等意外情况，导致企业的经常储备量不能满足维修作业需求，从而建立的可以提供若干天维修作业需要的储备备件。保险储备在发生意外情况才会动用，是企业备件储备中的不变部分。

特准储备不是为正常维修作业提供备件，而是储备某些特殊、专用的精密仪器的备件以及一些重大研究实验项目需要用到的备件。特准储备需要经过企业领导批准审核后才能建立。

2. 备件的储备形态

按备件的储备形态可以分为成品储备、半成品储备、毛坯储备、部件储备和成对储备五类。

（1）成品储备。

成品储备是指在机电设备的修理作业过程中，某些零部件的精度和尺寸不会发生改变，不需要再次加工，这类零部件就可以做成成品的形式进行储备，如齿、轴、花键。

（2）半成品储备。

半成品储备是指某些零部件需要留有一定的加工余量，以便在修理作业时进行尺寸链的补偿，这类零部件可以采用半成品的形式进行储备，如轴瓦、轴套等初加工后可作为半成品储备。需注意做成半成品储备的零件，要考虑到制成成品时的加工尺寸是否符合要求。储备半成品可以灵活确定成品的加工尺寸，也可以在确定修理尺寸前预先发现材料或铸件中的沙眼、裂纹等缺陷。

（3）毛坯储备。

毛坯储备是指对加工任务不大且不能提前确定具体尺寸的铸锻件和某些特殊材料的零件，可以采用毛坯的形式进行储备，如对合螺母、铸铜套、带轮、曲轴。对于关键机电设备的大型铸造及锻造零件，采用毛坯储备形式可以省去机电设备修理过程中等待准备毛坯的时间。

（4）部件储备。

部件是由若干个零件装配而成的，是机器的组成部分。部件储备是指为提高修理作业效率、减少停歇时间，将生产线上主要机电设备的重要部件以及加工精度高的部件对整个部件进行储备，如减速器、液压操纵板、电磁离合器。

（5）成对储备。

成对储备是指为保证备件的传动和配合精度，有些备件必须成对制造、保存和更换，如高精度丝杠副、蜗轮副、螺旋伞齿轮。

3. 备件的储备定额

备件的储备量是随时间的变化而变化的。备件的储备量随时间的理论变化规律表示了备件从消耗到储备的一个完整周期，也就是备件储备量从最大值变化到最小值的过程，如图 5-9 所示，其中，Q_{max} 表示最大储备量，Q_{min} 表示最小储备量，Q_p 表示每次订货的经济批量，Q_d 表示订货点储备量，T_K 表示备件恢复期，T 表示备件订购周期。

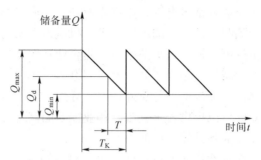

图 5-9　备件储备量理论变化规律

备件储备定额包括：最大储备量 Q_{max}，最小储备量 Q_{min}，每次订货的经济批量 Q_P 和订货点储备量 Q_d。

为使问题简单化我们假设：备件需求是不变的，且在某个时期内保持一致，备件从订购到收到货物的时间是固定的。整个周期内，备件的单价不随时间发生改变。则备件的储备定额计算公式如下：

$$Q_P = \sqrt{\frac{2DS}{H}} = \sqrt{\frac{2DS}{ic}}$$
$$Q_{min} = kQ_P$$
$$Q_{max} = Q_P + Q_{min} \qquad\qquad (5-1)$$
$$Q_d = Q_{min} + TD$$

式中，D——备件的每月需求量。

S——订购成本。

H——单位产品的年持有和储存成本，也可以按月计算，等于年度持有费率 i 乘以备件的单价 c。

k——保险系数，一般取 $1\sim1.5$，关键机电设备取 1.5。

T——备件的订购周期，是指备件从提出申请到成品入库所需的时间。一般按月计算备件供应周期或制造周期。

例：某企业锻压机床的活塞杆平均每年消耗量为 36 个，一个活塞杆的每月储备费用为 2 元，每次订购费用为 300 元，保险系数取 1.2，订货周期为 1 个月，试求该活塞杆的最小、最大和订货点储备量。

解：

$$Q_P = \sqrt{\frac{2DS}{H}} = \sqrt{\frac{2DS}{ic}} = \sqrt{\frac{2\times(36\div12)\times300}{2}} = 30 \text{（个）}$$

$$Q_d = Q_{min} + TD = 36 + 1\times3 = 39 \text{（个）}$$

$$Q_{min} = kQ_P = 1.2\times30 = 36 \text{（个）}$$

$$Q_{max} = Q_P + Q_{min} = 30 + 36 = 66 \text{（个）}$$

5.2.4　机电设备备件的计划管理

1. 备件计划的分类

备件计划根据备件来源和时间计划的不同，可分为不同的类型，具体的分类如

图 5-10 所示。

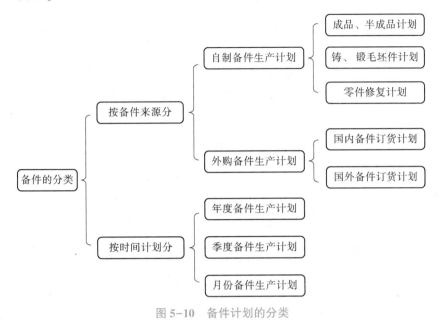

图 5-10　备件计划的分类

2. 编制备件计划的依据

（1）机电设备修理作业需要用到的零件。根据企业当年的修理计划表以及零件更换明细表，由负责维修部门提前提出机电设备备件申请计划。

（2）机电设备在维修作业过程中临时发现需要更换的零件，以及已经加工制造或采购完成但出现意外损坏或检验不合格的急件，也应将这些零件列入备件计划表。

（3）各类备件统计汇总表，包括备件库存表、备件领用表、入库动态表、最低储备量的补缺件备件表等。

（4）对机电设备进行日常维护需要的备件，由工厂机电设备使用人员提前三个月提出备件申请表。

（5）本企业的备件历史消耗记录和备件使用率也具有参考意义。

（6）对于外购备件还需要及时了解本地区备件生产、协作供应的情况。

（7）编制备件计划时，备件的基础信息可以从各类备件卡上获得，如机械机电设备卡、轴承卡、电气元件卡等。备件卡中除包含备件的基本信息外，最重要的是还应包含储备形态、储备类别和储备定额的最高和最低值。轴承卡格式可参考表 5-8。

表 5-8　轴承卡

编号：　　　　　　　　　　　　　　　　　　　　　　日期：　　年　　月　　日

序号	轴承名称	型号	图号	精度等级	主要尺寸	数量		安装部位	储备定额		备注
						单台	累计		最大	最小	

3. 备件生产的组织程序

备件的生产组织程序具体如图 5-11 所示。

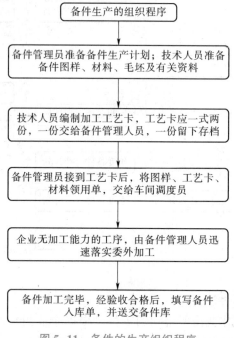

图 5-11 备件的生产组织程序

5.2.5 机电设备备件的库存管理

为了做好备件管理工作，企业应该根据生产机电设备的原值，单独建立备件库或由仓库兼管备件。机电设备原值超过 100 万元的企业，一般单独建立备件仓库。原值在 100 万元以下的企业，可以不单独建立备件库，由企业仓库兼职管理，但备件的存放、台账、标识卡必须和仓库分开。

1. 备件库房的要求

在自建或选用备件库房时，应注意以下要求：

（1）备件库的要求应高于一般库房的要求，应符合备件保存的环境要求，并且具备防汛、防火、防盗等功能。

（2）备件库房除了应配备存放备件的专用货架还应配备常见的搬运工具。

（3）备件库房的面积，应由企业结合自身实际生产情况，根据备件的种类和数量自行确定。

（4）机电设备的备件大多是由金属材料制成的，备件库还应配备有去污防锈材料，如器皿、棉纱、机油、防锈油等。

2. 备件入库和保管的要求

备件自制或采购完成后就需要存放到备件库房当中。对于备件的入库和保管需要注意以下五点：

（1）提前申请并已列入备件生产计划的备件才能入库，对于计划外的零件由备件管理部门领导批准后才能入库。

（2）企业自制备件由质量部门根据图纸的加工要求，检验合格后再进行入库。对于外购备件需要有质量检验合格证，入库时由备件管理员查看合格证真实有效后，填写入库单入库。

（3）当外购备件合同附有加工图纸时，备件管理员应当通知技术人员，严格按照图纸采取直观检验、工具检验、试装以及委托专业机构进行检验的方法，对备件质量进行验收。

（4）备件入库后，管理人员应登记入账，并采取合适防锈措施、挂上标签卡，按规则存放。

（5）备件管理工作要做到三清、两整齐、三一致、四定位。三清是指备件规格、数量、材质清晰。两整齐就是库容整齐、备件码放整齐。三一致是指备件的台账、标识卡与备件实物一致。四定位是指备件存放采用四定位管理，即库、架、层、位。通过描述备件存放在几号仓库几号货架第几层几号位来确定备件存放的位置，便于快速查找。此外，备件管理部门应定期对仓库进行盘点、维护保养，每年至少盘点一至两次。

3. 备件的处理

为减轻库房压力，减少僵尸备件，凡符合下列条件之一的备件应及时处理：

（1）机电设备已经报废或升级改造，并且企业内也没有同类型机电设备的情况，剩余备件无使用价值。

（2）机电设备已经调拨，备件没有随机电设备调拨，且企业无同类型的机电设备。

（3）由于质量不合格或保管不善导致无法使用，且无法修复的备件，报备件管理部门领导批准后进行报废。

对于因前两种原因需要处理的备件，应尽可能调剂或处理给其他需要的企业，尽量回收机电设备储备资金。

4. 备件的 ABC 分类管理法

备件的 ABC 管理法是根据备件的种类、数量、价格、占用资金和库存时间等因素，采用必要的分类原则，而实行的库存管理办法。ABC 分类管理法把备件分为 ABC 三类，A 类备件占企业全部备件品种的 10%左右，占全部资金的 70%左右，其特点是采购、加工周期长而价格较高。B 类备件的品种比 A 类备件多，占全部备件品种的 25%左右，占用资金的 20%左右。C 类备件的品种很多，占全部品种的 65%左右，但占的资金很少，一般仅占备件全部资金的 10%左右。表 5-9 是 A、B、C 三类备件的管理策略。

表 5-9　A、B、C 三类备件的管理策略

库存类型	A 类备件	B 类备件	C 类备件
全部品种的占比	10%左右	25%左右	65%左右
全部资金的占比	70%左右	20%左右	10%左右

库存类型	A 类备件	B 类备件	C 类备件
特点	采购、加工周期长而价格较高	介于 A 类和 C 类备件之间	采购、加工周期短，单价较低
管理策略	须重点管理，严格控制库存，尽量缩短订货周期，增加采购次数，加速备件储备资金的周转	适当控制库存，根据维修需要适当延长订货周期，减少采购次数，做到两者兼顾	进行简单管理；可采用大量采购、大量库存的方法，减少采购和管理成本

A、B、C 三类备件所占资金和备件品种的比例如图 5-12 所示。

随着电子技术的迅速发展、计算机的推广和应用，为了提高管理效率和质量，很多企业已采用了自动控制的生产管理系统。计算机信息管理系统同样适用于备件管理。计算机在备件管理工作中包括备件库存控制，备件分类显示，备件数量查询、统计和打印，备件临界报警等功能。

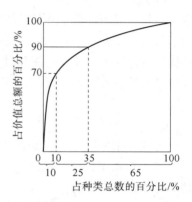

图 5-12　备件的价值分布曲线

5.2.6　机电设备备件的经济管理

备件的经济管理工作主要包含核定库存资金、审核资金占用量、出入库账目的管理、备件消耗速度、备件定额的统计分析等。影响备件储备资金的因素较多，如企业生产任务量、机电设备类别、机电设备损耗情况、企业维修能力、企业加工备件的能力等。

1. 备件资金的核算方法

备件储备资金与企业生产规模密切相关，核定企业备件储备资金定额的方法一般有以下五种，如图 5-13 所示。

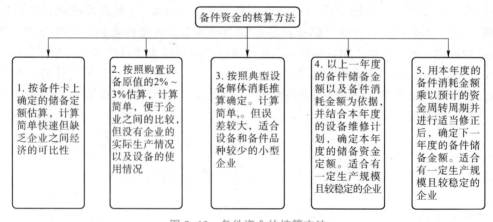

图 5-13　备件资金的核算方法

2. 备件经济管理的考核指标

备件经济管理工作的好坏，可以通过以下五个指标去分析：

（1）备件储备资金定额。企业财务部门规定的备件库存资金的最高限额。

（2）备件资金周转期。是反映企业备件管理水平的重要经济指标，降低备件资金的占用、加速资金周转，可以提高企业的经济效益，其计算方法为：

$$资金周转期（年）=\frac{年平均库存金额}{年备件消耗金额}$$

（3）备件库存资金周转率。反映了备件库存资金实际上满足机电设备维修需要的效率，其计算方法为：

$$库存资金周转率=\frac{年备件消耗总额}{年平均库存金额}×100\%$$

（4）备件资金占用率。反映了备件库存资金的合理程度，用于调整备件库存占用量，其计算方法为：

$$资金占用率=\frac{备件储备资金总额}{设备购置总额}×100\%$$

（5）资金周转加速率。这个指标可以反映年度备件资金的动态变化，其计算方法为：

$$资金周转加速率=\frac{（上期资金周转率-本期资金周转率）}{上期资金周转率}×100\%$$

为了及时监察备件经济管理的合理性，备件管理工作人员应填报年度备件库主要技术经济指标动态表，表格格式可参考表5-10。

表5-10   年度备件库主要技术经济指标动态表

编号：　　　　　　　　　　　　　　　　　　日期：　　年　　月　　日

年度	年初库存	收入				发出				年末库存	全年消耗	周转率	周转加速率
		外购	自制	其他	合计	领用	外拨	其他	合计				

3. 降低备件储备金额的方法

降低备件库存，加速备件资金周转是备件管理工作不断追求的目标，可以参考以下六点：

（1）优化采购渠道，实施多样化的招标采购。对于外购的重要备件主要选择实力强、供货周期短、有应急备件供应能力以及诚信的生产厂家，可采用招标比价或议价直供的方式进行采购。对普通的一般备件，既要价格便宜又要保证质量，可以货比三家，在保证质量、单价合理的基础上，选择加工周期短、经济批量小的厂家制作。

（2）从源头上减少备件储备量也就是减少非正常机电设备事故的发生，在源头上降低备件费用。企业可以成立机电设备技术管理小组，对经常发生故障的机电设备实行专人管理，加强机电设备点检定修，并结合预防维修，降低机电设备的故障率、减少备件的非正常损耗。

（3）企业在采购机电设备时，优先考虑与企业现有备件能够互换的机电设备，以减少企业备件的品种和备件资金的占用。

（4）坚持技术改造和制定修旧利废的举措。企业可以鼓励技术人员对场内机电设备进行小型技术改造，如使用通用件代替专用件，积极消化积压库存；对诸如阀门、减速器等标准件有针对性地开展修旧利废工作。

（5）企业尽量实行备件集中管理。这样可以全面掌握备件库存信息，达到库存资源共享，减少备件重复储备。有条件的企业还可以采用信息化管理手段，借助计算机库存管理系统，实行库存全域查找，可以充分有效地利用库存资源。

（6）降低昂贵进口备件的储备量和储备资金。进口机电设备的备件在国内无法生产，只能从国外进口，不仅价格昂贵而且采购周期长。为了控制成本，企业可以积极关注并参与进口机电设备及备件的国产化改造。

知识拓展

进口机电设备及备件的国产化

1955 年，钱学森放弃了美国给出的优渥待遇，几经波折后，带着对祖国的热爱之心毅然决然地回到了中国。钱学森回国后，有人曾问他中国搞导弹行不行。当时的中国百废待兴，无论是工业技术还是经济实力，都远远无法与西方先进国家相比，在美国生活了很多年的钱学森，比谁都明白这一点，但他很干脆地回答道，中国人怎么不行啊，外国人能搞的，难道中国人不能搞？50 年代中期，新中国刚刚成立，面对国际上严峻的核讹诈形势和军备竞赛的发展趋势，中国急需增强自己的国防力量。

仅用 4 年时间，1960 年中国就成功地发射了第 1 枚自主研制的导弹。1964 年中国研制的第 1 颗原子弹爆炸成功。1967 年中国自主研制的第 1 颗氢弹爆炸成功。1970 年我国用长征号运载火箭成功地发射中国的第 1 颗人造卫星"东方红 1 号"，成为世界上第 5 个能独立发射人造地球卫星的国家。中华人民共和国在物质技术基础十分薄弱的条件下，用较短的时间成功地研制出"两弹一星"，创造了非凡的人间奇迹，是中国人民挺直腰杆站起来的标志。对中国而言，"两弹一星"是在非常艰苦没有外援的环境下所研发出来的成果，从原子弹到氢弹，我们仅仅用两年零 8 个月的时间，比美国、苏联、法国所用的时间要短得多。这些都要归功于"两弹一星"背后默默无闻的科学家们。几十年中，他们为了祖国和人民的最高利益，默默无闻、艰苦奋斗、淡泊名利、不怕牺牲、甘于奉献。以其惊人的智慧和高昂的爱国主义精神创造着人间奇迹。

进口机电设备的备件在国内无法生产，只能从国外进口，不仅价格昂贵而且采购周期长，不利于我国机电设备的发展。我们要学习"两弹一星"功臣们勇于探索、勇于创新的精神，积极关注参与进口备件的国产化改造，别人能做的，我们也能做。

5.3　机电设备维修的实施与验收

5.3.1　机电设备故障的分类

机电设备在其寿命周期内，发生丧失其规定功能的状况称为故障，通常这种故障是由机械零部件或电气元件失效而引起的。故障是机电设备使用过程中一定会出现的现象，它使机电设备暂时或永久丧失原有的功能。机电设备的故障大部分是可以修复的，可以通过维修恢复机电设备的局部或全部功能。

1. 浴盆曲线

可维修机电设备的故障率随机电设备使用时间的变化曲线如图 5-14 所示。因故障曲线形状很像浴盆，又称为浴盆曲线。机电设备故障率是指故障停机时间与机电设备工作时间的百分比。它将维修期间的机电设备故障状态分为早期故障期、偶发故障期、耗损故障期三个阶段。

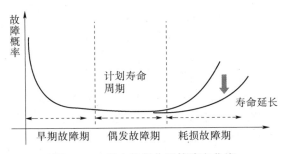

图 5-14　机电设备典型故障率曲线

（1）早期故障期。

早期故障期又称为初始故障期，从图中可以看到早期故障的特点是故障率从高逐渐降低，这一时期的故障多是由于设计缺陷、制造装配误差以及操作失误等因素导致的。随着故障问题的解决，故障率将逐步降低。早期故障相当于机电设备的安装试车阶段，机电设备各个结构经过磨合后将进入正常工作阶段。当机电设备进行大修或技术升级改造后，早期故障期将再次出现。

（2）偶发故障期。

早期故障期过后就是机电设备的偶发故障期，也称为稳定期，这一时期的特点是故障率基本保持不变，大致处于一个定值。在偶发故障期，故障是随机产生的，多数由机电设备机械零件、电气元件的磨损所引起。由于机电设备保养工作随时会将这些故障排除，因此这个时期是机电设备的最佳工作期。偶发故障期对应机电设备的正常磨损阶段，这个阶段是机电设备的有效寿命，一般持续相当长的时间，占机电设备使用期的一半以上。

（3）耗损故障期。

耗损故障期也称为磨损阶段，这段时期的特点是机电设备故障率急剧增高。由于机电设备元件老化、零件严重损耗，增加了产生故障的概率，因此应在这一时期到来前进行人为干预，如进行预防维修或机电设备小修，可以防止故障大量出现，减少维修工作量。

2. 机械故障的分类

为了准确预估机电设备故障的严重程度，从而采取有效的应对措施，可将机电设备故障进行分类，如图5-15所示。

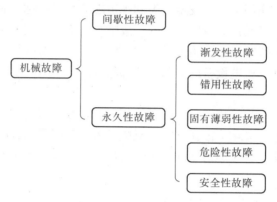

图5-15　机械故障的分类

（1）间歇性故障又称为临时故障，经过一段时间后故障可以自行消失。间歇性故障大多数与机电设备本身无关，而是由外在因素引起的，比如工人操作错误、环境变化、设施不良等。当这些外部因素消除时，机电设备的运转就可以恢复正常。但间歇性故障也有可能导致永久性故障，例如，在电厂的用电系统中发生鼠害，由瞬时接地造成短路故障，最终导致供电中断甚至电气设备损坏的永久性故障。

（2）永久性故障是指机电设备丧失原有的功能或加工性能、精度下降，直到导致故障产生的零部件更换或修复，功能才能恢复。

渐发性故障是在机电设备有效寿命的后期逐渐出现的，发生概率与使用时间无关。最常见的是零部件磨损的积累导致机电设备精度丧失，到某一界限时会产生突发性的故障。例如，轴承磨损后导致轴系部件运转时的振动，最终爆发为轴的断裂。

错用性故障是指机电设备没有按照原设计规定的条件运转导致的故障。超载、超速、超时以及操作者不习惯造成误操作，都会导致错用性故障。

固有薄弱性故障是由于设计阶段的失误导致的。设计不当、制造不良或安装不佳可使机电设备存在固有缺陷，当机电设备运行时，原有的缺陷便可导致故障。

危险性故障是指原设计的保护系统在需要动作时却发生故障，丧失保护作用，造成人身及工件损伤的机电设备故障。例如，机电设备过载保护装置损坏引起的故障。

安全性故障是指不需要保护系统时，保护系统发挥作用而造成的故障。例如，牵引系统不需要制动而发生制动时造成的故障。

3. 产生故障的原因

清楚故障产生的机理和原因，才能制定解决故障的有效措施。产生故障的原因主要有以下四个方面：

（1）设计不完善。

在机电设备技术方案的设计制造过程中，由于功能定义不正确或不完善，机电设备在生产中不能很好地适应产品加工的需求，就有可能形成故障。设计不完善主要包括设计结构、尺寸、配合、功率、精度控制等不合理。

（2）原材料的缺陷。

零部件材料选用不符合技术条件和规定的标准，是零部件产生磨损、腐蚀、过度变形、疲劳破裂等现象的主要原因。

（3）制造过程中的缺陷。

从准备毛坯、切削加工、压力加工、热处理、焊接和装配加工到机制工艺过程，零件都有可能积累应力集中或产生微观裂纹等缺陷，这些缺陷只有经过使用才显现出来。

（4）机电设备运行过程中的问题。

机电设备运行过程中出现没有预料到的使用条件变化，如出现过载、过热、高压、腐蚀、润滑不良、漏电、漏油等，都会引起机电设备故障。

5.3.2　机电设备故障的诊断

为了最大限度地减少生产损失，降低维修费用，可采用先进的诊断仪器帮助维修人员早期发现机电设备异常状态，迅速查明故障原因，预测故障影响，从而实现有计划、有针对性的检修，缩短检修时间，提高机电设备维修水平。故障诊断技术包含机电设备的状态监测和故障诊断两个方面。机电设备状态监测是指利用人的感官、简单工具或仪器，对机电设备工作中的温度、压力、转速、振幅、声音、工作性能的变化等按照规定的检测点进行间断或连续的检测，在发生故障前得到机电设备异常的信息。

1. 机电设备技术状态的监测

（1）振动监测。

振动是回转运动和往复运动中最普遍的现象。以下原因会使机械机电设备产生振动：零部件加工或装配中的偏心度、轴弯曲、旋转体材料不均匀；支撑零件以及传动机构零件的磨损、损坏；往复杆件在往复运动时产生惯力。用振动监测法监测振动幅值和振动速度可以判断主要零件的磨损状态。

（2）温度监测。

温度是表示物体冷热程度的物理量，可以反映机电设备热平衡状态。运行设备中的机械零部件和电气元器件常常会因温度变化而产生热故障。例如，机械零部件由于不正确的工作位置、过载运行、润滑不良等原因，会产生异常热量。因此通过温度监测可以十分有效地查出机电设备的早期故障。按测温方式的不同，温度监测可以分接触式测温和非接触式测温两类。接触式测温是指通过测温仪器与被测物体之间有良好的热接触来实现温度测量。属于这类仪器的有液体膨胀式温度计、固体膨胀式温度计、电阻温度计和热电偶温度计等。对电动机、变压器、机床主轴轴承等零件可以采用接触式温度监测。非接触式测温是指测量仪器与被测对象无需接触，通过接收物体热辐射来实现温度测量。属于此类的仪器有红外测温仪、红外热像仪等。检测各种炉窑、反应堆等的温度可以采用非接触式温度检测。

（3）泄漏监测。

泄漏是指气态、液态和粉尘状的介质从机电设备的裂纹、孔眼和空隙中溢出或进入。泄漏不仅会损耗能源，还会造成严重的环境污染。造成泄漏的因素有很多，如工作压力越高，发生泄漏的可能性就越大；工作温度过高、密封装置使用方式不当都会使密封元件加快老化提前失效，进而引起泄漏。检测泄漏的方法有很多，可以用肥皂水探测一般管道的泄漏；用触媒燃烧器检测管道、暗沟的可燃气和蒸汽的泄漏。

（4）磨损监测。

磨损是故障失效的常见形式，机电设备正常传动与运行中需传递扭矩和功率，机构间相互传递和接触的部位会产生磨损，磨损造成的故障在机电设备故障中所占比重较大。

2. 故障诊断

故障诊断技术是指在机电设备运行中或基本不拆卸的情况下，根据机电设备产生的各种信息来了解和掌握机电设备的运行技术状态，确定早期故障及其原因，判断故障的部位和程度，预测故障发展趋势。故障诊断技术不仅仅要了解机电设备的现状、故障及其原因，还要预测未来，是预防维修的基础。

按要求和对象的不同，故障诊断技术可以分为简易诊断技术和精密诊断技术两类。简易诊断技术就是由现场作业人员对机电设备的技术状况简单而迅速地做出评价，主要回答机电设备的运行状态是否正常。精密诊断就是对经过简易诊断判定为异常的机电设备做进一步的细致诊断，确定故障类型、故障产生的原因，并预测故障对机电设备运行的影响。

故障诊断技术在机电设备管理中具有重要的作用：

（1）故障诊断技术可以监测机电设备的状态及时发现异常情况，防止突发故障。

（2）故障诊断技术可以较科学地确定机电设备修理间隔期和维修内容。

（3）可以预测零件寿命，提前做好备件生产和采购工作。

（4）根据故障诊断信息可以判断机电设备质量，为改进机电设备的设计、制造、安装工作提供依据。

机电设备故障诊断工作应贯穿在机电设备规划、设计、制造、安装、使用、维修、报废各个阶段。在规划设计阶段，可通过故障诊断定量测定应力，根据测定结果改进设计，预测和分析机电设备的可靠性和可维修性，防止和克服机电设备潜在缺点。在制造阶段，可以防止制造过程中出现加工缺陷和事故。在安装调试运行阶段，可以进行定量的试运行，克服凭经验和定性判断带来的失误，防止由于机电设备本身缺陷而造成的故障。在使用和维修阶段，可以利用各种监测装置对机电设备需要的部位进行监测，迅速地查找故障，了解机电设备技术状态、故障原因和发展趋势。在老化更新报废阶段，可以定量地测出机电设备性能、强度、劣化的实际状况，因此可正确地确定更新报废的时间。

5.3.3 机电设备修理前的准备工作

修理前准备工作的好坏，直接决定了机电设备的修理质量、停歇时间和维修经济性。机电设备修理前的准备工作包括修前技术准备和修前生产准备。修前准备工作程序如图 5-16 所示。

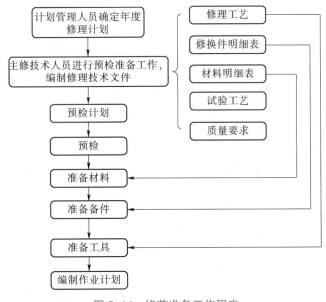

图 5-16　修前准备工作程序

1. 修前技术准备

修前技术准备工作由技术负责人主持，包括对需要修理的机电设备进行修前预检、修前技术资料准备和修前工艺准备三种。

（1）修前预检。

修前准备工作的重要环节是对机电设备进行全面的检查以了解机电设备的真实磨损状态。预检的作用是要了解机电设备的真实信息，包括精度、性能、零件缺损情况、安全防护装置的可靠性等；确定机电设备的工艺要求；查出有问题的部位并进行分析论证和制定修理方案。完善的修前预检可以为其他各项修前准备工作打下基础，也可以为制定经济合理的修理计划、备件计划和编制专用修理工艺表等收集原始资料。预检的时间不能太早，否则得到的机电设备的真实磨损信息不够准确。预检太晚也不行，过晚将导致备件采购、加工时间不足。通常中、小型机电设备的修前预检在修理前两到三个月进行。对于精密、庞大、复杂以及需要结合改造的机电设备，修理准备周期较长，一般在修理前四到五个月开始预检。通过预检能更详细地了解机电设备存在的问题，得到更准确的修换件明细表。修前预检步骤如图 5-17所示。

（2）修前技术资料准备。

预检完成后，由主要技术人员根据预检结果和产品工艺要求，在机电设备交付修理前准备好零件图纸，结构装备图，传动系统图，液压、电气、润滑系统图，备件明细表，材料明细表，这就是修前资料准备。

（3）修前工艺准备。

技术资料准备工作结束后，就可以开始编制零件工艺流程，并设计所需的工艺装备，这就是修前工艺准备。

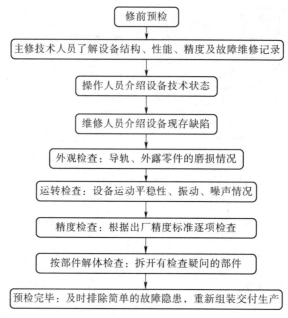

图 5-17 修前预检步骤

2. 修前生产准备

修理前的生产准备工作包括修理需要用到的主要材料及备件的准备、专用工具的准备以及机电设备停修前的准备工作。

（1）材料及备件的准备。

由机电设备管理部门根据年度修理计划，在年前两个月参照各种修理需要材料的消耗定额以及上一年度实际消耗情况编制机电设备修理材料明细表，经上报审批后，交由材料供应部门负责采购。备件分为外购件和自制件，外购件通常是指滚动轴承、标准件、密封件、电气元件、液压件等。

（2）专用工具的准备。

维修需要用到的工具一般以外购为主，需注意外购不到的工具应列入生产计划，根据维修安排分别组织生产，并经验收合格后再入库管理。

（3）机电设备停修前的准备工作。

以上生产准备工作基本完成后，就要确定具体完成修理的日期和维修人员，然后切断机电设备电源以及其他动力管线，放出切削液和润滑油，清理作业现场，办理交接手续。

3. 修理作业计划的编制

修前准备工作和生产准备工作做好后，就要编制修理作业计划。修理作业计划的目标是在不影响维修质量的前提下，使维修成本最低，停歇天数最少。修理作业计划由修理单位的计划员负责编制，经主要技术人员和施工责任人进行讨论审定。修理作业计划的内容包括修理具体的作业程序；各个阶段维修作业所需的工人数量、作业时间；各作业部分之间相互衔接的要求；委外修理项目的时间及要求；对用户配合协作的要求。

编制修理作业计划的主要依据有以下四点：

(1) 修理具体内容、工艺技术要求和质量验收标准。

(2) 修理规定的时间定额和停歇天数。

(3) 维修技术人员的工种和技术水平以及装备条件。

(4) 企业能够提供的物质条件，如作业场地、起重运输的设置。

5.3.4 机电设备修理计划的实施与验收

实施机电设备修理计划时，应该做好以下工作：首先，做好修前的准备工作，平衡修理工作量和维修资源；其次，修理部门按作业计划组织施工，并随时做好计划的修改与调整，按规定日期完成机电设备修理；最后，机电设备管理部门、质量检验部门、机电设备使用车间以及修理部门应相互密切配合，做好修理后的检查和验收工作。

1. 单台机电设备修理计划

单台机电设备修理计划的实施步骤分为交付修理、修理施工、竣工验收三个步骤。机电设备修理计划的实施与验收如图 5-18 所示。

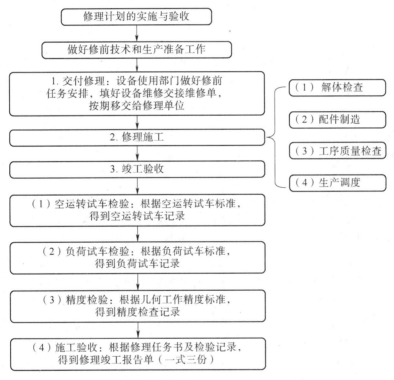

图 5-18　机电设备修理计划的实施与验收

(1) 交付修理。

机电设备使用部门在修前做好生产任务的安排，并按修理计划规定的日期，按期将设备移交给修理单位。移交时应认真交接并填写机电设备交接维修单，此表一式两份，交接双方各存一份。机电设备修理竣工验收后，双方按机电设备交接维修单，仔细清点机电设备以及移交的工件和附件。机电设备交接维修单应详细记录交接机电设备的名称、规格、数量以及交付修理日期，并由使用部门和承修单位负责人签字，机电设备交接维修单格式可参考表5-11。

表5-11 机电设备交接维修单

编号：　　　　　　　　　　　　　　　　　　日期：　　年　　月　　日

机电设备名称		型号规格	
机电设备类别		修理类别	
交付修理日期		合同编号	
随机移交的附件及专用工具					
序号	名称	图号	规格	单位	数量
备注					

使用部门	部门名称		承修单位	单位名称	
	负责人			负责人	
	交修人			接收人	

（2）修理施工。

交付修理完成后就要开始修理施工。修理施工又包含解体检查、配件制造、工序质量检查、生产调度四个部分。

①解体检查。机电设备解体后，维修技术人员应及时检查零部件的磨损失效情况，特别要注意在修理前没有发现或没有预测到的问题。解体检查完成后应该尽快发出修改和补充的修理技术任务书、修换件明细表、材料明细表以及临时制造的配件图样。修理单位计划调度员和技术负责人，根据解体检查的结果以及修改补充的技术文件，及时调整修理作业计划。作业计划应当贴在施工现场，便于维修技术人员随时了解施工进度要求，注意修改后的总停歇天数不得超过原计划的停歇天数。

②配件制造。对关键备件按照装配顺序的要求安排加工作业计划，并采取有力措施，时间节点上保证满足修理作业的要求。

③工序质量检查。凡是维修工艺和质量标准中明确规定了，以及按常规检查必须检查的项目，经过维修技术人员自检合格后，还需要经过质量检查员检查，确认合格后才可以转入下道工序开始作业。对于重要的项目，比如导轨刮研，质量检查员应该在零部件上做出检验合格的标志，并做好检验记录，避免因漏检的质量问题引起其他问题。

④生产调度。计划调度人员应该每天检查作业计划的完成情况，并到现场实际勘测检查，重视各工种之间的作业衔接，及时解决各种问题。

（3）竣工验收。

验收工作由企业机电设备管理部门代表、主持修理单位主要人员、质量检查人员以及机电设备操作人员一同参加。经以上人员共同检查确认机电设备已完成规定的修理内容并达到规定的技术要求后，所有参与验收人员在机电设备修理竣工报告单上签字。验收报告单一式三份，由使用部门、修理部门和计划考核部门各持一份。机电设备修理竣工报告单格式可参考表 5-12。机电设备修理完成后的验收流程如图 5-18 所示。

表 5-12　机电设备修理竣工报告单

编号：　　　　　　　　　　　　　　　　　　日期：　　年　　月　　日

机电设备名称			型号规格			
机电设备类别			修理复杂系数（机/电）			
机电设备编号			修理类别		施工令号	
修理时间	计划	年　　月　　日到　　年　　月　　日共停修　　天				
	实际	年　　月　　日到　　年　　月　　日共停修　　天				

修 理 工 时/h					
工种	计划	实际	工种	计划	实际
钳工			油漆工		
电工			起重工		
机加工			焊工		

修 理 费 用/元					
名称	计划	实际	名称	计划	实际
人工费			电动机维修费		
备件费			劳务费		
材料费			总费用		

修理技术文件及记录	1. 修理技术任务书　　　份		4. 电气检查记录　　　份	
	2. 修换件明细表　　　份		5. 试车记录　　　份	
	3. 材料明细表　　　份		6. 精度检验记录　　　份	

反面			
主要修理及改装内容			
遗留问题及处理意见			

总机动师批示	验收单位		修理单位	质检部门检验结论
	使用部门	操作者	计划调度员	
		机动员	修理部门	
		主管	机修工程师	
	机电设备管理部门代表		电修工程师	
			主管	

（4）用户服务。

机电设备大修、中修后应有保修期，具体期限由企业和维修单位协商确定，但一般应大于三个月。在保修期内，维修单位应定时做好维修访问，听取并采纳企业对维修工作的有效建议。对于由于维修质量不良而发生的故障，维修单位应及时利用企业生产间隙时间圆满解决，且费用由维修单位承担。

2. 机电设备修理计划的实施方法

为了提高机电设备修理效率，节约机电设备停机时间，降低维修成本，企业应该根据自己的实际情况采用适合自己的修理办法。常见的机电设备修理实施办法有部件修理法、分部修理法、同步修理法三种。

（1）部件修理法。

以机电设备部件为修理的最小单元，修理时拆换整个部件，换上同类备用部件为部件修理法。这样部件解体、配件装配和制造等工作可在更换部件后进行，大大缩短了修理停机时间。部件修理法需要一定的备件储存量，对备件储备资金有一定压力。为了便于拆卸、更换，需将机电设备部件设计成标准结构件或标准零件，这种方式适用于拥有数量较多的同类型机电设备的企业。

（2）分部修理法。

将一台需要修理的机电设备，分成几个部分，按一定顺序分批修理，每次只修一个部分为分部修理法。某些使用频率较高的机电设备，很难一次安排足够时间修理，就可以采用分部修理法。分部修理法可以避开生产高峰期，提高机电设备利用率，此方法只适用于具有独立部件且维修时间较长的机电设备，如组合机床。

（3）同步修理法。

同步修理法是将生产工艺上紧密连接的机电设备安排在同一时间修理，实现修理同步化，减少分散修理的时间。采用同步修理法可以减少修理导致生产停摆的时间，适用于生产线中独立的机电设备以及连续工作的自动化流水生产设备。

3. 机电设备的委外修理

机电设备的委外修理是指企业自身在维修技术条件或维修能力上不能满足维修任务的要求，或者从经济性考虑，企业自己维修不如委托专业维修单位进行维修更为划算时，可将企业的维修工作委托给专业维修单位。对于修理复杂系数较高的机电设备，企业自行维修需要配备大量的维修人员，同时储备大量的维修备件，这些人力成本和储存备件的成本都将导致维修成本上升。委外维修不仅可以有效降低企业维修成本，还有利于优化配置社会资源，促进整个行业的发展。机电设备的委外修理步骤及内容如图 5-19 所示。

4. 机电设备修理计划的考核

企业通过完成各种修理计划，实现对机电设备的预防维修，修理计划的完成率，反映了企业机电设备预防维修工作的好坏。因此可将年度、季度、月份修理计划的完成率，作为考核车间的主要技术经济指标之一。机电设备修理计划的考核指标见表 5-13。

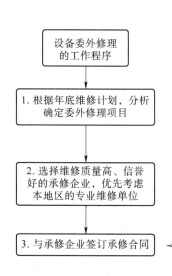

（1）由委托企业向承修企业提出设备修理委托书，委托书内容应该包括设备的基本状况、维修任务、质量要求等信息

（2）承修企业到委托企业现场调研，了解设备状态、作业环境以及条件

（3）双方就设备的修理工艺、质量标准、停歇天数、验收办法等事项进行协商

（4）承修企业在确认满足委托企业要求的前提下，进行修理费用报价

（5）经过最后协商，双方对技术要求、费用、停歇时间以及合同中必须明确规定的事项，取得一致意见后，签订合同

图5-19　机电设备的委外修理步骤及内容

表5-13　机电设备修理计划的考核指标

序号	指标名称	计算公式	考核期	按年初计划考核的参考值	备注
1	小修计划完成率	（实际完成台数/计划台数）×100%	月、季、年		F为机械部分的修理复杂系数
2	中修计划完成率	（实际完成F台数/计划完成F台数）×100%	月、季、年	±10%	
3	大修计划完成率		月、季、年	±5%	
4	大修费用完成率	（实际大修费用/计划大修费用）×100%	季、年		
5	大修平均停歇天数	完成修理的停歇时间/所修项目的复杂系数之和	季、年		
6	大修质量返修率	（实际返修总工时/计划修理的总工时）×100%	季、年	<1%	

5.3.5　机电设备修理的技术文件管理

机电设备修理的技术文件，指机电设备修理相关的表格信息，包括修理技术任务书、修换件明细表、材料明细表等。

1. 修理技术任务书

修理技术任务书是机电设备修理的重要指导性技术文件，规定了机电设备的基本技术状态、主要修理内容和修理质量要求。修理技术任务书格式可参考表5-14。

表5-14　修理技术任务书

编号：　　　　　　　　　　　　　　　　　　　　　日期：　　年　　月　　日

机电设备编号		机电设备名称	
型号规格		修理复杂系数	
使用单位		修理类别	
承修单位		施工号令	
机电设备修前技术状态			
主要修理内容及要求			
修理质量要求			
机电设备科长	技术科长	使用单位机电设备管理员	主修技术人员

2. 修换件明细表

修换件明细表是修理时需要更换和修复的零件明细表。应列入修换件明细表的零件包括：铸造、锻造、焊接的零件；制造周期长精度高的零件；需要外购的大型零部件，比如高精度滚动轴承、液压元件、气动元件；加工制造周期短，但需求量大的零件；对于需要成对准备的零件也应该放在明细表中，并在备注栏中注明。

需注意，已列入企业易损件和常备件目录的零件可以不列入修换件明细表，以免重复准备。修换件明细表应包含零件名称、图号、材质、数量和价格等信息，表格格式可参照表5-15。

表5-15　修换件明细表

编号：　　　　　　　　　　　　　　　　　　　　　日期：　　年　　月　　日

机电设备名称				型号规格						
修理复杂系数（机/电）				修理类别						
序号	零件名称	图号	材料	单位	数量	单价/元	总价/元	单重/kg	总重/kg	备注
	编制人					本页费用小计				

3. 材料明细表

材料明细表是对于机电设备维修使用的材料进行统计，以便维修材料准备和成本核算。常用材料品种有：圆钢、钢板、工字钢等各种型钢；铜管、铝合金管、铝合金板等有色金属型材；电气元件、电线电缆、绝缘材料等电气材料；塑胶、塑料、石棉制品；管道用的保温材料；润滑油脂和其他直接用于机电设备修理的材料。材料明细表格式可参考表 5-16。

表 5-16　材料明细表

编号：　　　　　　　　　　　　　　　　　　日期：　　　年　　　月　　　日

机电设备名称				型号规格					
修理复杂系数（机/电）				修理类别					
序号	材料名称	标准号	材质	型号规格	单位	数量	单价/元	总价/元	备注
编制人					本页费用小计				

5.3.6　机电设备维修的质量管理

机电设备维修质量管理是指企业组织协调有关部门人员，采取经济合理的方法措施，全面控制影响机电设备维修质量的各种因素，保证机电设备维修质量。机电设备修理质量标准是衡量机电设备整机技术状态的标准，包括修后应达到的精度指标、性能指标、外观质量以及安全环境保护等方面的技术要求，它是检验和评价机电设备修理质量的主要依据。为了提高机电设备维修质量，必须建立健全机电设备维修质量保证体系，其主要内容包括机电设备维修的计划管理、备件管理、生产管理、工具管理、财务管理等。

1. 质量保证体系

质量保证体系是为了保证机电设备维修质量达到要求，把与维修相关的管理工作协调统一起来，形成设备维修质量保证体系。机电设备修理质量保证体系的主要因素有以下方面：

（1）质量方针和目标，这是质量保证体系的基础。

（2）质量体系的各级职责和权限，清楚的职责和权限划分可以促进有效的质量管理。

（3）企业机电设备修理计划和设备委外维修的合同。

（4）维修计划技术文件的更改控制。

（5）修理技术文件的制定与审核。

（6）物资采购程序。

（7）检测仪器及量具的控制。

（8）修理过程的质量记录及质量控制。

（9）机电设备修理完工的整机验收与试验的文件。

（10）竣工验收后的用户服务。

（11）质量信息的收集加工和分析。

（12）质量成本控制。

2. 质量管理的工作内容

机电设备修理质量管理包含以下五项工作内容：

（1）建立机电设备维修质量检验小组。

大、中型企业应成立专门的质量检验小组，小型企业可以根据情况设立专职或兼职检验员。质量检验小组应归企业质量检验部门管理。质量检验人员应熟悉机械零件部件及整机检验、机电设备维修的技术知识和技能，在工作中严格按要求进行，避免不合格的零部件装配。

（2）制定机电设备维修的质量标准。

制定机电设备维修质量标准时应遵循三个原则。首先以出厂标准为基础。其次修理后的机电设备，性能和精度应该满足产品工艺要求，并有足够的精度储备，如果产品不需要机电设备原有的某项性能或精度可以不列入修理质量标准。如果机电设备原有的某项性能或精度不满足产品工艺要求，在确认可通过采取技术措施解决的情况下，可在修理质量标准中提高其性能和精度指标。最后企业制定的质量标准应该满足环境保护和安全法规的要求。

（3）编制机电设备维修的工艺。

机电设备维修的工艺是保证提高修理质量、缩短停歇时间、降低维修成本的有效手段。在编制修理工艺时，应充分考虑工艺的可行性和经济性。

（4）加强修理过程中的质量管理。

机电设备维修过程中，维修人员应认真贯彻修理工艺方案，并对关键工序建立质量控制点。

（5）机电设备修理质量的检验和评定。

这是保证机电设备维修后达到规定标准，并且有较好可靠性的重要环节。因此企业应根据图样、工艺、技术标准，对机电设备的修理质量、修后精度、性能等进行严格检验，并做好记录和质量评定工作。

5.4　强化训练题

一、填空题

1. 国内外常用的维修方式有_____、_____、_____、_____。

2. 常用的机电设备修理计划的实施方法有_____、_____、_____。

3. 按时间分类，机电设备修理计划可分为_____、_____、_____。

4. _____的修理时间、工作量、花费介于大修和小修之间。

5. 机电设备修前准备工作包括_____和_____。

6. 工具可以分_____和_____。

7. 机电设备维修包含_____和_____。

8. 在我国，经常根据_____来衡量计算机电设备修理工作量。

二、单选题

1. 修前生产准备工作包括（　　　）。

A. 修前工艺准备　　　　　　　　　B. 修前预检

C. 材料及备件的准备　　　　　　　D. 技术资料的准备

2. （　　　）是指机电设备不能使用后再修理的非计划性修理。

A. 定期维修　　　　B. 事后维修　　　　C. 预防维修　　　　D. 无维修计划

3. 在机电设备的修理作业过程中，某些零部件的精度和尺寸不会发生改变，可以做成（　　　）。

A. 半成品备件　　　B. 成品备件　　　　C. 毛坯备件　　　　D. 部件备件

4. 机床全部拆卸分解属于（　　　）。

A. 大修　　　　　　B. 中修　　　　　　C. 小修　　　　　　D. 改善维修

5. 备件管理工作要做到"三一致"，也就是账、卡、（　　　）一致。

A. 物　　　　　　　B. 材料　　　　　　C. 机电设备　　　　D. 工具

6. （　　　）指机电设备停止工作，从交付修理开始到修理完毕，经质量检验合格后投入生产的所有时间。

A. 修理费用定额　　　　　　　　　B. 停歇时间定额

C. 技术资料的准备　　　　　　　　D. 复杂系数定额

7. 按（　　　）可以将备件分为关键件和一般件。

A. 零件的精度等级　　　　　　　　B. 零件的使用频率

C. 零件的制造材料　　　　　　　　D. 零件传递能量的方式

三、多选题

1. 按照零件来源，可以将备件分为（　　　）。

A. 自制备件　　　B. 常用备件　　　　C. 外购备件　　　　D. 金属件

2. 备件的管理工作包括（　　　）。

A. 备件的技术管理　　　　　　　　B. 备件的计划管理

C. 备件的库房管理　　　　　　　　D. 备件的经济管理

3. 永久性故障包括（　　　）。

A. 渐发性故障　　　B. 错用性故障　　　C. 危险性故障　　　D. 安全性故障

4. 机电设备修理工作定额包括（　　　）。

A. 修理工时定额　　B. 停歇时间定额　　C. 修理费用定额　　D. 复杂系数定额

5. 为了方便起见，可以将机电设备修理复杂系数分为（　　　）。

A. 机械机电设备修理复杂系数　　　B. 电气机电设备修理复杂系数

C. 热力机电设备修理复杂系数　　　D. 一般机电设备修理复杂系数

6. 年度修理计划的编制包括（　　　）。

A. 搜集资料　　　　B. 编制草案　　　　C. 平衡审定　　　　D. 下达执行

7. 机电设备维修常用的材料有（　　　）。

A. 各种型钢　　　　B. 电气材料　　　　C. 润滑油脂　　　　D. 有色金属型材

四、简答题

1. 机电设备修理计划的依据是什么？

2. 机电设备修理复杂系数有什么用途？

3. 什么是修理周期、修理间隔器、修理周期结构？

4. 备件管理的目标和任务是什么？

5. 简述备件资金的核算方法。

五、计算分析题

某加工工厂的皮带每年平均消耗量为 24 个，一根皮带的每月储备费用为 3 元，每次订购费用为 500 元，保险系数取 1.1，订货周期为 1 个月，试求该皮带的最小、最大和订货点储备量。

项目6　机电设备的升级改造

　　机电设备升级是指在原有设备基础上增加部分零部件，以实现功能和性能升级的过程；机电设备更新是指采用新的设备替代技术性能落后、经济效益变差的原有设备的过程；机电设备改造是指按照生产需要改变现有设备的机械结构、改善现有设备的技术性能，使之全部或局部达到新设备技术性能的过程。

机电设备的
升级改造

　　机电设备升级改造的目的是使机电设备在原有基础上增添新的功能、增加价值、延长使用年限，最大化发挥设备的作用；同时也为实现节能环保、低碳绿色的目标做出贡献。

知识拓展

中国工程机械再制造产业从"蹒跚学步"到"披荆斩棘"

　　对于发达国家而言，"再制造"已经不是新名词，但在中国似乎才刚刚起步。作为一种高端循环再生方式，再制造是一种对废旧产品实施高技术修复和改造的产业，它针对的是损坏或将报废的零部件，在性能失效分析、寿命评估等分析的基础上，进行再制造工程设计，采用一系列相关的先进制造技术，使再制造产品质量达到或超过新品。

　　目前，中国工程机械再制造产业仍处于蹒跚学步阶段，对生产企业及用户而言基本上还属于一个全新的概念。不少人将再制造误解为简单的二手翻新，其实，再制造既是一种先进的制造手段，也是一种绿色制造手段。通过修复技术、合理的零部件配套，再制造不仅节省了生产线投资、资源和原材料消耗，还大大延长了产品的使用寿命，实现了"资源—产品—报废产品—再制造产品"的循环经济模式。

　　与当前发展较好的汽车零部件再制造相比，工程机械再制造具有更多先天、独特的优势。首先，工程机械大多为重型装备，大型结构件多，实施再制造可以更显著节约资源；其次，工程机械再制造的附加值更高，其结构的特殊性使其在拆解、清洁、检测、修复上更易实现，而再制造产品质量和服务达到或超过新品将是工程机械再制造的重要特点。

　　在再制造领域，美国无疑是"高富帅"。据统计，早在1996年美国再制造产业就涉及的8个工业领域中，专业化再制造公司超过73 000个，生产46种主要再制造产品，年销售额超过530亿美元，接近1996年美国钢铁产业560亿美元的年销售额。

　　我国工程机械设备大多处于超负荷工作状态，全国80%的在役工程机械超过保质期，若将被淘汰的装备产品进行修复，中国工程机械再制造市场每年的规模可达100

亿美元。如今再制造产业在我国发展已近 15 年，由最初面临重重困难、各项工作难以展开，发展到目前获得国家政府机关、行业领域和社会各界的广泛认可与大力支持，迎来了广阔市场前景。伴随着国内工程机械销量、保有量的大幅增长，寻找一种可持续的生产和消费模式，对于推进工程机械行业节能降耗、减排来说至关重要，因此我国工程机械行业再制造潜力巨大。

作为国内首批再制造试点单位，徐工集团秉承社会责任，坚持绿色发展道路，在 2013 年年初成立了起重机维修及再制造分厂，开始挖掘起重机后市场的这座诱人"金矿"。为缩短客户的等待时间、提高流程响应速度，徐工起重机械事业部对原维修流程进行了全面颠覆与再造，清洗、检测等再制造先进设备与大型工装器盛装上阵，全面完善备件管理制度，实施精细管理。中国工程机械领域龙头三一重工股份有限公司也投入巨资布局机械再制造产业，分别在宜宾、乐山和泸州建设机械再制造基地。2013 年 8 月，济南柳工再制造首台整机隆重下线。作为国内最早一批投入再制造的企业，潍柴在 2008 年即已成为国家发改委首批 14 家汽车与零部件再制造试点企业之一，并且早在 2007 年便与美国 SRC 公司签订了再制造咨询协议，通过引入全套再制造技术文件、实地培训和现场指导，全面引进了美国再制造的先进理念，生产设备也达到了国际先进水平。

尽管再制造这个巨大的"金矿"面临着政策、市场等难题，工程机械再制造发展环境可谓荆棘丛生，但其发展趋势向好。从各大先行企业敢为人先、迎难而上的精神及成果初见的事实看，中国工程机械再制造未来潜力巨大。向"高富帅"和"先行者"看齐，以技术为先导，发挥全价值链增值服务的作用，深入探索和完善再制造产业，积累先进经验，充分获取后市场价值，中国工程机械制造产业必能"披荆斩棘"，后来居上，打造出更具竞争力的后市场产业链，掘金千亿再制造市场。

（数据来源：贤集网 https://www.xianjichina.com）

6.1　机电设备的升级

6.1.1　机电设备的更新

机电设备更新可对设备的有形和无形磨损进行综合补偿、改善企业技术装备水平，以提高产品质量和生产效率，降低消耗和成本，加强企业在国内外市场的生存和竞争能力。设备更新一般不是原样或原水平的设备去旧换新，而要根据需要，以水平高的设备替换技术落后的老设备，促进企业技术进步和经济效益提高。一般情况下，对改造不经济或不宜改造的机电设备，应予以更新。

1. 机电设备的更新对象

企业中机电设备的更新是从生产经营的实际需要出发，优先对以下四类设备进行更新。

（1）设备生产效率低、技术性能差、陈旧老化的机电设备。

（2）设备能耗高、排放污染严重、危害人身安全的机电设备。

（3）设备设计、制造质量不良，技术性能不能满足现阶段的生产需求，且难以通过修理、改造得到改善的机电设备。

（4）设备即使继续进行大修，其技术性能仍不能满足生产工艺要求的机电设备。

2. 机电设备的更新方式

机电设备的更新主要有原样更换和技术更新两种方式。

（1）原样更换。这种方式是指把使用多年、大修多次、再修复已不经济的设备更换一台同型号的设备。这种更新方式一般在没有新型号设备可以替换的情况下采用。

（2）技术更新。这种方式是用质量更好、效率更高、能耗更少、环保更好的新型设备，替换技术性能落后又无法修复改造或者修理、改造不经济的老设备。这也是设备更新的主要方式。

3. 机电设备的更新规划

（1）机电设备更新规划的编制。

机电设备更新规划的制订应在企业主管厂长的直接领导下，以设备动力部门为主，在企业的规划、技术、生产、计划、财务部门的参与和配合下进行。

（2）机电设备更新规划的内容。

机电设备更新规划的内容主要包括现有机电设备的技术状态分析、需要更新设备的具体情况和理由、国内外可订购到的新设备的技术性能与价格、国内有关企业使用此类设备的技术经济效果和信息、要求新购置设备的到货和投产时间、资金来源等。

4. 机电设备更新规划的方法

机电设备更新是企业生产经营活动的重要一环，要充分发挥企业各部门的作用，共同把设备更新工作做好。为避免工作内容的重复，应对设备更新规划和计划的编制做适当分工，一般采用以下方式分工。

（1）生产计划部门提出因提高设备生产效率而需要更新的设备。

（2）技术部门提出为研制新产品而需要更新的设备。

（3）工艺、技术部门提出为改进工艺、提高质量而需要更新的设备。

（4）设备动力部门提出因设备陈旧老化、无修复价值或耗能高而需要更新的设备。

（5）安全部门提出因危及人身健康、安全和污染环境而需要更新的设备。

（6）规划和技术发展部门提出由于上述需要又无现成更换设备的，列入企业技术改造规划，作为新增设备予以安排。

机电设备的更新要与设备的大修和设备的技术改造相结合，既要更换相当数量的旧设备，又要结合具体生产对象，用新部件、新装置、新技术等对旧设备进行技术改造，使旧设备的技术性能达到或局部达到先进水平。

5. 机电设备更新实施步骤

（1）编制和审定设备更新申请单。

机电设备的更新申请单由企业设备管理部门根据各设备使用部门的意见汇总编制，经有关部门审查，在充分进行技术经济分析论证的基础上，确认实施的可能性和资金来源等方面情况后，经企业领导审批后实施。机电设备的更新申请单主要包括以下几个方面的内容：设备更新的理由（附技术经济分析报告）；对新设备的技术要求（包括对随机附件的要求）；现有设备的处理意见；订货方面的商务要求及要求使用的时间。

（2）对旧设备组织技术鉴定，确定残值，区别不同情况进行处理。对报废的受压容器等特殊设备以及国家规定必须淘汰的设备，不得转售其他单位。

目前尚无确定残值的较为科学的方法，但残值真实反映设备本身的价值，确定残值很有意义。因此，残值确定合理与否，直接关系到经济分析准确与否。

（3）积极筹措机电设备的更新资金，保障更新工作顺利进行。按照机电设备更新规划和技术方案实施设备更新，进行安装、调试、试车、验收等工作。

6. 机电设备更新的经济分析

补偿设备的磨损是设备更新、改造和修理的共同目标。选择什么方式进行补偿由其经济分析决定，并应以划分设备更新、技术改造和大修理的经济界限为主。可以采用寿命周期内的总使用成本互相比较的方法来进行。

机电设备的更新必然要考虑经济效益，也要考虑更新的时机。因此，机电设备更新时可以从以下几个方面来考虑更新时机：①宏观环境给予的机会或限制。②微观环境中出现的机遇。③企业生产经营的迫切需要。④设备的寿命，主要包括4种：自然寿命，是指设备从投入使用到报废为止所经过的时间；技术寿命，是指设备从开始投入使用到出现了技术性能更优越的设备，而在设备的物质寿命尚未结束之前就被淘汰所经历的时间，一般来说，科学技术发展越快，设备的技术寿命就越短；折旧寿命，是指按国家规定或企业自行规定的折旧率，把设备原值排除后的余额折旧到接近于零所经历的时间，其长短取决于国家或企业所采取的技术政策和方针；经济寿命是设备更新的最佳年限，条件是在设备达到经济寿命年限以前，该设备在技术上仍然可用，不存在技术上提前报废的问题。

6.1.2 机电设备的报废

在机电设备报废前，企业应对需要报废的机电设备进行审核是否满足报废条件。

1. 机电设备的报废条件

（1）设备老化、技术性能落后、耗能高、效率低、经济效益差。

（2）设备的主要结构和部件严重损坏，虽经大修但技术性能仍不能达到生产使用要求和保证制造出来的产品质量。

（3）设备修理费用过大，从经济角度来看已经严重不合理。

（4）设备排放严重污染环境，危害人身安全与健康，没有修复和改造的价值。

（5）其他应当淘汰的设备。

2. 机电设备报废的审批程序

机电设备的报废应首先由设备使用部门提出设备报废计划，填写"机电设备报废计划表"，写明需要报废设备的报废原因，然后送交设备管理部门初步审查。"机电设备报废计划表"见表6-1。

表 6-1　机电设备报废计划表

编报部门：　　　　　　　　　　编报日期：　　　　　　　　　　　单位：万元

报废设备名称	报废设备编号	使用部门	报废原因	估计金额及报废月份	审核意见

部门经理：＿＿＿＿＿＿＿　　　复核：＿＿＿＿＿＿＿　　　制表：＿＿＿＿＿＿＿

经企业质量部门鉴定，由工艺、财务部门会签，并在设备管理部门审核后，通过使用部门填写"机电设备报废申请表"，送交主管领导批准。"机电设备报废申请表"见表 6-2。

表 6-2　机电设备报废申请表

申请部门：　　　　　　　　　　　　　　　　　　　　日期：　　年　　月　　日

报废设备		报废原因	专家鉴定意见	设备部门处理意见	财务部门处理意见	分管总监意见	总经理意见
编号							
名称							
规格							
原值							
已折旧额							
预计年限							
实用年限							
使用部门							

3. 机电设备的报废处理方法

企业（尤其是国有企业）按照一定的设备报废流程同意报废后，按下述方法进行报废处理：

（1）报废设备应从生产现场拆除，并做好报废设备的处理工作，做到物尽其用。

（2）对报废设备只能拆除后才能利用的部分零部件，不应再作价外调，以免将落后、陈旧、淘汰的设备再次投入社会使用。

（3）旧设备如能出售给其他企业另作他用时，应向上级主管部门提出出售申请，核准后予以报废处理。

（4）设备报废后，设备使用部门应将批准的设备报废申请表送交财务部门注销账、卡。

（5）出售和报废设备所得的收益要用于设备改造和更新。机电设备出售申请表见表6-3。

表6-3　机电设备出售申请表

管理部门：　　　　　　　　　　　申请部门：　　　　　　　　　　　申请时间：

中文名称		供应商		购置日期	
英文名称		规格		耐用年限	
单位		数量		已使用年限	
原使用部门		编号		原价	
原用途		附属设备		已提折旧	
购买商		价格		账面净值	
出售原因					
总经理意见		分管经理意见		财务经理意见		部门经理意见	

复核：＿＿＿＿＿＿＿＿＿＿＿　　　　制表：＿＿＿＿＿＿＿＿＿＿＿

6.2　机电设备的改造

机电设备改造是指为了改善现有设备的性能和提高生产效率，对设备进行技术革新或结构改进。机电设备改造是改变现有设备技术陈旧状态，补偿无形磨损的重要方式。设备改造是促进现有设备技术进步的有效方法之一，是提高设备质量的重要途径。因此，要依靠各种可用力量，采用现代工艺技术，对老旧设备进行改装、改造，达到花钱少、见效快的目的。

6.2.1　机电设备改造的形式与内容

1. 机电设备改造的形式

机电设备改造有改装和技术改造两种基本形式。

（1）机电设备的改装。

机电设备的改装是指为了满足增加产量或加工要求，对设备的容量、功率、体积和形状的加大或改变。例如，将设备以小拼大，以短接长，多机串连等。改装能够充分利用现有条件，减少新设备的购置，节省投资。但是，单纯的设备改装，不能使设备性能在质的方面得到提高，不利于促进企业的技术进步。

（2）机电设备的技术改造。

机电设备的技术改造，也称现代化改造，是指应用新的技术成就和先进经验，改变设备的原有结构，给旧设备装上新部件、新装置、新附件，或将单机组成流水线、自动线所采取的比较重大的技术措施。例如，将旧机床改造为程控、数控机床，或在旧机床上增设精密的检测装置等。通过技术改造能改善现有设备的技术性能，提高设备工作能力，使其主要输出参数接近或达到新型设备的技术水平，而所需费用通常低于设备更新的费用。

2. 机电设备改造的内容

机电设备技术改造前要进行必要的经济性分析，着重就设备技术改造与设备更新和设备大修理比较其设备投资、成本和生产率。根据改造目的和应用场景不同，机电设备改造的内容有较大差别，主要包括提高设备自动化程度，实现数控化、联动化；提高设备功率、速度和扩大设备的工艺性能；提高设备零部件的可靠性、维修性；将通用设备改装成高效、专用设备；实现加工对象的自动控制；改进润滑、冷却系统；改进安全、保护装置及环境污染系统；降低设备原材料及能源消耗；使零部件通用化、系列化、标准化。

3. 机电设备改造的方向

（1）提高机电设备的生产率。

采用新的科学技术成果使机电设备的机械化、自动化程度得以提高，减轻劳动强度，提高设备效率。当产品品种稳定并批量较大时，可进行设备的专业化改造，设备效率可大大提高。

（2）提高机电设备的产品质量。

采用新结构、新材料提高机电设备精度、性能和性能持久性，保证产品质量得到进一步提高。

（3）扩大机电设备的工艺可能性。

增设新部件、新装置，以适应不同工艺产品的开发生产。

（4）改善机电设备操作条件和维修条件。

增设安保装置使操作者的工作环境得以改善，推广诊断技术和状态监测，改进设备可靠性和维修性，以改善设备维修人员的维修条件。

（5）采用节能新技术改造老设备。

我国能源资源并不丰富，在"碳达峰、碳中和"背景下考虑通过节能技术改造机电设备可取得较好的经济效果和社会效果。

6.2.2　机电设备改造的目的与原则

与设备修理只是恢复生产力不同，设备更新改造可发展先进的生产力，改善和提高设备的使用寿命和技术性能（包括技术规格、精度等级、结构特性、运行参数、工艺规范、生产能力等）。

1. 机电设备的改造目标

机电设备改造的主要目的是提高机电设备的技术水平来满足生产要求，在注重经济效益的同时还必须考虑社会效益。为此，企业应主要从以下几个方面来考虑：

（1）节约能源和保护环境。

通过设备的技术改造提高能源的利用率，大幅度节电、节煤、节水，在短期内收回设备改造投入的资金。对生产环境乃至社会环境造成较大污染的设备，如烟尘污染、噪声污染以及工业废水的污染，需要积极进行设备改造，消除或减少污染，改善生产生活环境。

（2）提高产品质量和加工效率。

机电设备经过改造后，要使原设备的技术性能得到改善，提高精度或增加功能，使之达到或局部达到新设备的水平，切实满足产品生产的需求。

（3）提高设备运行安全性。

对影响人身安全的机电设备，应进行针对性改造，防止人身伤亡事故的发生，确保安全生产。

2. 机电设备的改造原则

机电设备的改造应遵循针对性、可能性、经济性以及技术先进适用性等原则。

（1）针对性。

机电设备的改造要按照生产工艺要求，针对生产中的薄弱环节，采取有效的技术手段，结合设备在生产过程中所处地位及其技术状态，决定设备的技术改造路径。

（2）可能性。

机电设备的改造应由本单位技术人员完成；若技术难度较大本单位不能单独实施，也可请有关生产方、科研院所协助完成，但本单位技术人员应全程参与，以便以后的管理与检修。

（3）经济性。

在制定机电设备改造方案时，需要进行技术经济分析，力求以较少的投入获得较大的产出。机电设备改造必须适应生产技术发展的需要，根据机电设备对产品质量、数量、成本、生产安全、能源消耗和环境保护等方面的影响程度，在能够取得实际效益的前提下，有计划、有重点、有步骤地进行。

（4）技术先进适用性。

在机电设备的改造过程中由于设备的生产工艺和生产批量不同，设备的技术状态会有所不同，采用的技术标准应有所区别。同时要重视设备的先进适用，但不应盲目追求高指标，防止功能过剩。一般情况下，设备改造工作应与大修理结合进行。

需要强调的是，机电设备的改造应坚持自力更生的方针，充分发挥市场和计划两种手段，可借鉴国外企业的先进改造技术成果，不断总结经验，提高机电设备改造技术与质量。

3. 机电设备的改造程序

为了保证机电设备的改造达到预期的目标，企业及有关部门负责人应明确技术改造的前期和后期管理。一般来说，企业机电设备的改造可参照以下程序进行：

（1）生产车间于每年9月初提出下一年度的设备技术改造项目，即填写年度设备改造清单，报送企业设备管理部门。如遇突然接到重要生产订单必须改造生产设备时，可临时提出设备改造需求。

（2）设备管理部门审查批准，列入企业设备技术改造计划，并通知各车间填写设备技术改造立项申请单，报送设备管理部门。

（3）重大设备技术改造项目要进行技术改造经济分析，报送设备管理部门负责人或企业主管负责人审批方可实施。

（4）设备技术改造的设计、制造、调试等工作，原则上由各车间的主管部门负责实施。

（5）车间设计能力不足，需委托设备管理部门设计时，委托单位应提供详细的技术要求和参考资料，并填写设计委托申请书。

（6）车间制造能力不足，委托有关单位施工的，需设备管理部门审批。

（7）设备改造工作完成后，需经设备管理部门技术改造负责人联合验收。

（8）设备技术改造验收后，车间需填报改造竣工验收单和设备技术改造成果，报送设备管理部门。

（9）技改项目调试验收后，要一式四份填写"机电设备改造清单"（表6-4），报送设备管理部门核定后，一份留存设备管理部门，一份报送财务部门，其余两份由车间设备科、财务科办理留存。

表6-4　机电设备改造清单

设备编号	设备名称	型号规格	数量	设备资料	改造原因	备注

6.3　机电设备的再制造

6.3.1　机电设备的再制造概述

2021年7月1日，经国务院同意，国家发展改革委印发了《"十四五"循环经济发展规划》（发改环资〔2021〕969号），分析了我国循环经济发展的基础与面临形势、明确了"十四五"循环经济工作原则和主要目标、部署了"十四五"的重点任务、重点工程与行动。

在重点任务"促进再制造产业高质量发展"中提出，要提升汽车零部件、工程机械、机床、文办设备等再制造水平，推动盾构机、航空发动机、工业机器人等新兴领域再制造产业发展，推广应用无损检测、增材制造、柔性加工等再制造共性关键技术。培育专业化再制造旧件回收企业。支持建设再制造产品交易平台。鼓励企业在售后服务体系中应用再制造产品并履行告知义务。推动再制造技术与装备数字化转型结合，为大型机电装备提供定制化再制造服务。在监管部门信息共享、风险可控的前提下，在自贸试验区支持探索开展航空、数控机床、通信设备等保税维修和再制造复出口业务。加强再制造产品评定和推广。

在重点工程与行动"再制造产业高质量发展行动"中提出，要结合工业智能化改造和数字化转型，大力推广工业装备再制造，扩大机床、工业电机、工业机器人再制造应用范围。支持隧道掘进、煤炭采掘、石油开采等领域企业广泛使用再制造产品和服务。在售后维修、保险、商贸、物流、租赁等领域推广再制造汽车零部件、再制造文办设备，再制造产品在售后市场使用比例进一步提高。壮大再制造产业规模，引导形成 10 个左右再制造产业集聚区，培育一批再制造领军企业，实现再制造产业产值达到 2 000 亿元。

由此可见，再制造在机电设备领域的发展越来越重要，应用范围越来越广。

1. 循环经济的概念

循环经济的思想萌芽诞生于 20 世纪 60 年代的美国。"循环经济"这一术语在中国出现于 90 年代中期。国家发改委认为，循环经济是一种以资源的高效利用和循环利用为核心，以"减量化、再利用、资源化"为原则，以低消耗、低排放、高效率为基本特征，符合可持续发展理念的经济增长模式，是对"大量生产、大量消费、大量废弃"的传统增长模式的根本变革。

循环经济体系是以产品清洁生产、资源循环利用和废物高效回收为特征的生态经济体系。由于它将对环境的破坏降到最低程度，并且最大限度地利用资源，因而大大降低了经济发展的社会成本，有利于经济的可持续发展。

2. 再制造的概念

再制造是在维修工程和表面工程的基础上发展起来的新兴科学，是以产品全寿命周期论为指导，以实现废旧产品的性能提升为指标，以优质、高效、节能、节材和环保为准则，以先进生产技术和产业优化为手段，来修复、改造废旧产品的一系列技术措施或工程活动的总称。简而言之，再制造即为废旧产品高技术修复、改造的产业。再制造以旧的机器设备为毛坯，采用专门的工艺和技术，在原有制造的基础上进行一次新的制造，而且重新制造出来的产品，无论是性能还是质量都不亚于原先的产品。其重要特征是，再制造以后的产品质量和性能达到或超过新品，成本仅为新品的一半，且节能、节材，对环境的不良影响显著降低，可有力地促进资源节约型、环境友好型社会的建设。

再制造产业的宗旨就是通过对没有损坏的零部件进行技术修复后继续使用，把局部损伤的零件采用先进的表面工程技术等手段通过再制造加工而继续使用，并针对不同的失效原因采取相应的措施使机器的使用寿命延长，挖掘废旧产品中的潜在附加值。

同时，时任全国政协副主席、中国工程院院长徐匡迪在 2004 年上海"世界工程师大会"上，结合我国国情创造性地提出了关于建设我国循环经济的"4R"发展战略。"4R"发展战略中的 4R 是指 Reduce、Reuse、Recycle、Remanufacture，也就是再减量、再利用、再循环、再制造。作为循环经济"4R"原则中十分活跃与先进的要素之一，再制造业将得到快速发展。再制造在循环经济中的地位显著、作用重大。制造业"再制造"的能力将废弃物变"黄金"，大量的关键零部件与金属加工零件不再随着设备本体寿命的终结而被抛弃，而是被重新加工使用，这将是装备制造业走向循环经济的一大飞跃。

3. 再制造的优势与劣势

再制造相比新品制造具有明显的优势。以汽车制造为例，再制造可以很好地降低整车的研发成本。据相关调查显示，再制造零部件与新品相比可节约成本 50%、节能 60%、节材 70%，大气污染物排放量降低 80%以上。比如一台再制造发动机的成本大约只有全新发动机的 1/10，质量要优于新产品，再制造的发动机在能耗方面要远低于全新发动机的能耗。作为全球最大的汽车市场，如果将再制造产业与我国汽车产业相结合，那么我国的汽车工业一定会继续快速发展。再以机床行业为例，我国机床保有量约为 800 万台，按照 3%的年机床报废淘汰率进行计算，每年有二十四五万台机床进入再制造行列，约占每年生产新机床产量的一半。如果充分利用废旧机床的床身、立柱等铸件，并对其进行修复改造，可极大程度地节能、省钱、减排，从而实现循环生产。

虽然再制造有这么多优势，同时也要看到，再制造也有其自身的劣势。产品的再制造过程一般包括七个步骤，即产品清洗、目标对象拆卸、检测、再制造零部件分类、再制造技术选择、再制造、检验，而无论是再制造需要的加工设备、检测设备或是清洗设备，价格都十分昂贵。除此之外，再制造的工艺和技术的标准很高，再制造中使用的旧件需要经过检测并在合格的情况下才能使用。以汽车行业来说，因为我国的汽车再制造产业在寿命检测、成型一体化等关键技术和设备的研究方面还存在明显不足，如果前期没有足够的原始技术积累，就需要引进技术和人才，并需要巨大的投资。

4. 再制造与回收利用的区别

再制造与回收利用之间有着本质的区别。再制造是一个物理过程，以发动机为例，旧发动机经过一番修复、改造后，装配成型的仍然是一台发动机，而不是别的什么产品。由此看来，再制造不同于废旧物资回收利用。

再制造也具有化学过程的特征。虽然旧发动机经再制造后仍是发动机，但是它的原材料或构件已经脱胎换骨，而且再制造的产品不是"二手货"，而是一种全新的产品，所以再制造也不等于一般的原材料循环利用。

再制造与回收利用有类似的环保目标，但回收利用往往只是将废旧零部件变成原材料，利用它的材料价值，其产品是低级的，而且可能需要消耗大量的能源，并造成二次环境污染。再制造的本质是修复，但不是简单的维修。再制造的内核是采用制造业的模式进行维修，是一种高科技含量的修复，而且是一种产业化的修复，因而再制造是维修发展的高级阶段，是对传统维修概念的一种提升和改写。

5. 我国再制造产业的发展趋势

再制造作为我国新世纪重点发展起来的产业新方向，以节约资源能源、保护环境为特色，以综合利用信息技术、纳米技术、生物技术等高科技为核心，充分体现了具有中国特色自主创新的特点。再制造高度契合了构建循环经济、实施"双碳"目标的战略需求，必能为循环经济和节能减排政策的贯彻实施做出更大贡献。

以汽车行业为例，根据麦肯锡咨询公司发布的统计数据显示，2022—2035年，中国汽车后市场将保持10%～15%的增长率，预计到2035年将达到4.4万亿元，汽车再制造产业有着巨大的市场发展潜力，将成为新一轮的"蓝海"。

我国再制造产业发展虽晚，但势头非常好，目前已成为世界上最重要的再制造中心之一，而且在基础理论研究与技术应用开发方面走在了世界前列。再制造在中国的快速发展，使再制造不仅纳入了国家法律范畴，而且在产业化实践和基础研究等方面均取得了良好的阶段性成果，中国已成为国际再制造中心之一，在国际再制造领域发挥着重要作用。可以预见，再制造会涉足除了汽车、机床、工程机械等机电设备之外的更多的领域，在循环经济中将会发挥越来越重要的作用。

6.3.2　汽车发动机再制造

汽车发动机再制造是再制造工程中最典型的应用场景。发动机再制造在欧美发达国家已有几十年的历史，有着系统完善的再制造工艺流程。近年来随着国内汽车市场的逐步扩大，发动机再制造业逐渐开始起步。节约和环保问题已成为全人类共同关注的问题，报废的汽车如果不进行再制造将会造成材料的极大浪费和环境污染。汽车发动机再制造从社会的需求性、技术的先进性、效益的明显性等几个方面为废旧机电产品的再制造树立了样板。

1. 汽车发动机再制造工艺流程

汽车发动机再制造技术也称发动机专业修复技术，是将废旧的汽车发动机进行修复，使其接近新机器性能水平的过程。在此过程中废旧汽车发动机经历被完全拆卸、清洗、检验、再制造加工、重新组装和试验以保证其使用的质量。旧机所有的核心部件都将根据原厂商的技术标准进行检验，通过再加工使其恢复到原来的技术要求，从而使整个再制造汽车发动机的装配精度恢复到原机水平。汽车发动机再制造工艺流程如图6-1所示。

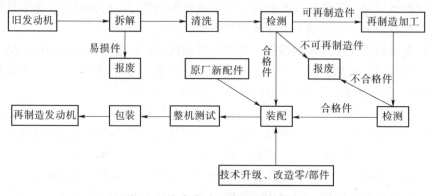

图6-1　汽车发动机再制造工艺流程

（1）回收。

汽车旧发动机回收包括两方面工作，一是对旧发动机从客户手中进行回收；二是对旧发动机性能进行检测评估。

（2）拆解、清洗。

汽车旧发动机拆解过程中，直接淘汰旧发动机中的活塞总成、主轴瓦、油封、橡胶管、气缸垫等易损零件。一般这些零件因磨损、老化等原因不可再制造或者没有再制造价值，装配时直接用新品替换。

拆解后保留的零件根据零件的用途、材料，选择不同的清洗方法，主要有高温分解、化学清洗、超声波清洗、液体喷砂、干式喷砂等方法。常用清洗设备如图 6-2 所示。

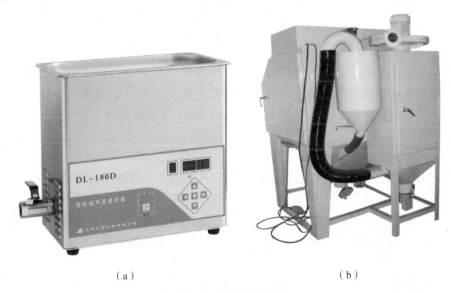

（a）　　　　　　　　　　　　　　　　（b）

图 6-2　常用清洗设备

（a）超声波清洗设备；（b）液体喷砂清洗设备

（3）检测鉴定。

对清洗后的零件进行严格的检测鉴定，并对检测后的零件进行分类。可直接使用的完好零件送入仓库，供发动机装配时使用，比如进气管总成、前后排气歧管、油底壳、正时齿轮室等。对失效零部件进行再制造加工，比如缸体总成、连杆总成、曲轴总成、喷油泵总成、缸盖总成等，一般这类零件可再制造率达 80%以上。

（4）再制造加工。

对失效零件的再制造加工，可以采用多种方法和技术，如利用先进表面技术进行表面尺寸修复，使表面性能优于原来零件；或者采用机械加工，重新将零件加工到装配需要的尺寸，使再制造发动机达到标准的配合公差范围。

（5）装配。

将再制造加工后的全部检验合格的零部件与直接购买加入的新零件，严格按照新汽车发动机技术标准进行装配，完成再制造发动机的整体装配。

（6）测试。

对已经完成再制造的汽车发动机，需要按照新发动机的标准进行整机性能指标测试，合格后才能进行喷漆和包装等手续。

（7）包装。

对检测合格的再制造汽车发动机外表进行喷漆处理，并进行包装入库或直接发送至需求客户处。根据与客户签订的相关合同或协议，如果需要对汽车发动机改装或者技术升级，则可以在再加工工序中直接进行更换零件或部件，以满足客户需求。

2. 发动机再制造质量保证体系

发动机再制造的总体质量标准应该是再制造后的发动机性能应达到或者超过原型新发动机的标准，这是再制造发动机与传统的大修发动机的主要不同之处。为了实现这一目标，必须采用产业化、规模化的生产方式，必须采用先进技术并构建完善的质量保证体系。

（1）完整的技术文件。

汽车发动机再制造公司在建厂时，应根据需要引进再制造技术相关的全部资料，并结合国内发动机制造厂的技术文件进行修订，使发动机再制造建立起完整的技术、生产、供应和营销体系，从一开始就贯彻 ISO 9001 质量管理体系认证标准，实现全面与国际接轨。

（2）严格的旧品鉴定标准。

汽车旧发动机分解、清洗后的鉴定是保证再制造产品最终质量的第一关卡。对旧发动机的修理鉴定标准有小修鉴定标准、中修鉴定标准和大修鉴定标准。这些鉴定标准都放宽了配合间隙，而发动机再制造执行的是新发动机标准，从而保证了发动机组装后摩擦副之间的间隙符合新发动机要求，具备新发动机的质量。

（3）一流的加工设备。

企业再制造发动机选用的镗缸机、连杆镗孔机、曲轴磨床、气门加工机和气门座加工机等设备（图6-3）应是国际上一流的专用加工设备，可为保证加工质量打下坚实的基础。

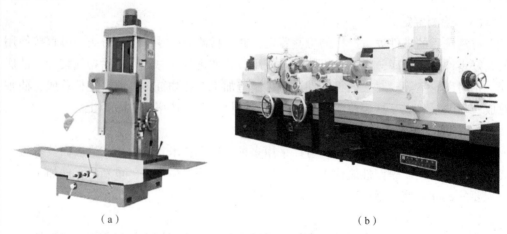

（a）　　　　　　　　　　　　　　（b）

图6-3　汽车发动机再制造典型加工设备

（a）镗缸机；（b）曲轴磨床

（4）先进的表面工程技术。

汽车旧发动机中大约60%以上的零件是通过运用表面工程等技术修复其表面尺寸和性能的，而且可以根据零件表面的失效情况以预防性维修的思想为指导，对零件表面进行强化处理，使表面的耐磨性和耐蚀性优于新品。

当前国内已采用的再制造加工表面工程技术有纳米电刷镀技术、微脉冲冷焊技术、高速电弧喷涂技术、粘涂技术等，主要用于再制造加工缸体、曲轴、连杆等零件。先进表面工程技术在汽车发动机再制造中的推广应用，大大提高了旧品利用率，降低了再制造成本，不仅使企业获得了经济效益，还为国家节约能源、节省材料及保护环境做出了贡献。

（5）高素质的员工。

再制造企业员工要有对工作强烈的责任心、熟练的先进技术和丰富的工作经验，要能严格执行再制造的工艺规程，这是再制造产品质量保证体系中的第一要素。

3. 汽车发动机再制造的效益分析

（1）汽车旧发动机再制造零件所占的比例。

废旧机电产品资源化的基本途径是再利用、再制造和再循环。有关学者对 3 000 台某型号发动机的再制造进行了统计，可直接使用率、可再制造率、替换率等情况详见表 6-5、表 6-6 和表 6-7。其中可直接再利用的零件数量占零件总数的 23.7%，价值占价值总额的 12.3%；经再制造后可使用的零件数占零件总数的 62%，价值占价值总额的 77.8%；需要更换的零件占零件总数的 14.3%，价值占价值总额的 9.9%。

表 6-5　可直接使用的零件

序号	名称	材料	质量/kg	判断依据	可直接使用率/%
1	进气管总成	铸铝	10	原厂标准	95
2	前排气歧管	铸铁	15	原厂标准	95
3	后排气歧管	铸铁	15	原厂标准	95
4	油底壳	钢板	10	原厂标准	95
5	机油冷却器芯	铜	5	原厂标准	95
6	机油冷却器盖	铸铝	5	原厂标准	80
7	集滤器	钢板	1	原厂标准	95
8	正时齿轮室	铸铁	30	原厂标准	80
9	飞轮壳	铸铁	40	原厂标准	80

表 6-6　再制造加工后可直接使用的零件

序号	名称	材料	质量/kg	常见失效形式	再制造时间/h	可再制造率/%
1	缸体总成	铸铁	300	磨损、裂纹、碰伤	15	95
2	缸盖总成	铸铁	100	裂纹、碰伤	8	95

序号	名称	材料	质量/kg	常见失效形式	再制造时间/h	可再制造率/%
3	连杆总成	合金钢	30	磨损、抱瓦	6	90
4	曲轴总成	合金钢	200	磨损、抱轴	16	80
5	喷油泵总成	铸铝	30	渗漏	10	90
6	气门	合金钢	2	磨损	1	60
7	挺柱	合金钢	2	断面磨损	1	80
8	喷油器总成	合金钢	2	偶件失效	1	70
9	空压机总成	合金钢	30	连杆损坏	4	70
10	增压器总成	铸铁、铸铝	20	密封环失效	4	70

表 6-7　需要用新品替换的发动机主要零件

序号	名称	材料	质量/kg	常见失效原因	判断依据	替换率/%	替换原因
1	活塞总成	硅铝合金	18	磨损	原厂标准	100	无再制造价值
2	活塞环	合金钢	1	磨损	原厂标准	100	无法再制造
3	主轴瓦管	巴氏合金	0.5	磨损	原厂标准	100	无再制造价值
4	连杆瓦	巴氏合金	0.5	磨损	原厂标准	100	无再制造价值
5	油封	橡胶	0.5	磨损	原厂标准	100	老化
6	气缸垫	复合材料	0.5	损坏	原厂标准	100	无法再制造
7	橡胶管	橡胶	4	老化	原厂标准	100	老化
8	密封垫片	纸	0.5	损坏	原厂标准	100	无再制造价值
9	气缸套	铸铁	14	磨损	原厂标准	100	无再制造价值
10	螺栓	合金钢	10	价值低	原厂标准	100	无再制造价值

（2）经济效益分析。

与新发动机的制造过程相比，再制造发动机生产周期短、成本低，两者对比情况见表 6-8 和表 6-9。

表 6-8　再制造后的发动机与新发动机制造生产周期对比　　　　（天/台）

类型 \ 时间	生产周期	拆解时间	清洗时间	加工时间	装配时间	合计
再制造后的发动机	7	0.5	1	4	1.5	14
新发动机	15	0	0.5	14	0.5	30

表 6-9　再制造后的发动机与新发动机制造的成本对比　　　（元/台）

类型 \ 费用	设备费	材料费	能源费	新加零件费	人力费	管理费	合计
再制造后的发动机	400	300	300	10 000	1 600	400	13 000
新发动机	1 000	18 000	1 500	12 000	3 000	2 000	37 500

（3）环保效益分析。

由于再制造发动机能够有效地回收原发动机在第一次制造过程中注入的各种附加值，因此再制造发动机能有效减少资源浪费，避免二次污染。据统计，每再制造一台发动机，仅需要新发动机生产时所需要的20%的能源。如果按质量能够回收，旧发动机中近95%的材料可以继续使用，从而减少了资源浪费，也避免了产品因为采用再循环处理所造成的二次污染，同时节省了垃圾存放所需的空间。据估计，每再制造10 000台发动机，可以节电约1 500万 kW·h，减少二氧化碳排放量大约1.5万 t。

（4）社会效益分析。

汽车发动机再制造具有明显的经济社会效益。每销售一台再制造发动机，购买者在获取新发动机同样性能发动机前提下，可以减少投资约2.5万元。在提供就业岗位方面，若再制造1万台发动机，可提供就业人数约500人。

4. 表面工程技术在汽车发动机再制造中的应用

汽车发动机再制造过程中，如何将因磨损、腐蚀、划伤而失效的零件重新制造成具有新品性能的设备，是提高旧件利用率，降低生产成本的关键。而表面工程技术恰恰可以达到这种目的，其中高速电弧喷涂主要来修复缸体主轴承孔、电刷镀来修复凸轮轴轴颈和连杆大头孔等已在实际工作中得到了广泛应用，并取得了可观的经济效益。同时，在节能降耗、减少环境污染方面取得了良好的社会效益。下面主要从两个方面来学习表面工程技术在汽车发动机再制造中的应用。

1）采用高速电弧喷涂技术修复缸体主轴承孔

（1）发动机缸体的工况条件及失效形式。

发动机缸体是发动机最重要的部件，价格高。其损坏的主要形式是气缸孔磨损、水套腐蚀、主轴承孔变形或划伤。缸体主轴承孔在工作状态下承受交变应力及瞬间冲击，容易导致主轴承孔变形。在发动机缺油的情况下，会出现烧瓦、抱轴现象，进而导致缸体主轴承孔严重划伤。

对主轴承孔已发生变形或划伤的发动机缸体，一般的处理方法为报废，这将给用户造成很大的经济损失。但如果采用传统的堆焊工艺或外径加厚主轴瓦补偿的办法进行修复，则修复后的发动机缸体使用效果均不理想。同时堆焊容易造成缸体变形和出现裂纹，加厚主轴瓦的办法破坏了互换性，给用户以后维修带来诸多不便。因此，采用高速电弧喷涂技术以致密的涂层组织、较高的结合强度、方便快捷的操作和高性能价格比，应用于缸体主轴承孔修复具有明显的优势，并取得了显著的效果。

（2）喷涂设备和喷涂材料。

喷涂设备可以使用专业厂家生产的高速电弧喷涂机。喷涂层材料则采用低碳马氏体丝材打底，再用1Cr18Ni9Ti丝材喷涂工作层。

（3）喷涂工艺流程。

喷涂工艺流程为：镗底孔及螺旋槽→清洗、除油→喷砂粗化处理→喷底层→喷工作涂层→加工涂层至标准尺寸。

预加工时镗底孔至标准孔 $D+0.5$ mm，并镗 1.8 mm×0.2 mm 的螺旋槽，以增加底层结合面积，有利于结合强度的提高。

针对发动机缸体的结构状况，在喷砂和喷涂前，对主轴承孔内的油孔和油槽、冷却喷嘴座孔、挺柱孔、二道瓦两侧止推面及缸体内腔等处用不同材料的各种特制护具进行遮蔽防护。喷砂处理用 16# 棕刚玉，喷砂用气经油水分离器和冷凝干燥机处理，喷砂打至表面粗糙为止，不能过度喷砂。待喷涂面喷砂处理必须均匀无死角。

（4）喷涂层组织及性能。

喷涂层显微组织为层状结构，涂层与基体界面之间结合紧密。涂层硬度为 $280\sim308$ HV。适于后续的镗孔、珩磨、研磨加工。喷涂层与基体的结合强度为 $27.6\sim28.1$ MPa（喷砂预处理）。

（5）工艺分析及讨论。

喷涂层的结合强度对其使用性能有决定性的影响。影响结合强度的因素是多方面的，如表面预处理质量、喷涂工艺规范、压缩空气质量、雾化气流、压力与流量等。工件表面粗糙度越高，涂层与基体接触面积越大，两者的机械嵌合作用越大，涂层的界面结合强度越高。上述工艺中的喷砂粗化及镗螺旋槽的目的就在于此。

压缩空气中含油、水、杂质越少，压力越高，高速射流区间越大，涂层结合强度越高。实际生产中压力为 0.6 MPa。喷涂电压增大，则输入的电功率增加，焊丝熔化加快，熔融粒子温度升高，粒子表面氧化严重，影响结合强度。而喷涂电流增大，易造成熔融粒子温度升高，粒子表面氧化严重，降低涂层颗粒间结合力。另外，喷层距离对结合强度影响较大，以 200 mm 为宜。在此区间，熔融金属颗粒具有较高的动能，可以获得较高的结合强度。

2）采用电刷镀技术修复凸轮轴轴颈

（1）凸轮轴轴颈的失效分析。

发动机凸轮轴轴颈的主要失效方式是磨损或划伤。凸轮轴轴颈出现磨损或划伤时，一般采取报废处理，或者采用加厚轴瓦的办法磨削轴颈后使用，给用户的修复带来很大的麻烦。电刷镀技术具有设备简单、操作方便、安全可靠、镀积速度快的特点，用于修复凸轮轴轴颈可以取得明显效果。

（2）设备和工艺装备。

修复凸轮轴轴颈可以使用专业厂商制造的电刷镀机，电刷镀机都配有可调转速的轴类件专用刷镀工作台。

（3）电刷镀工艺流程。

电刷镀工艺流程为：镀前修磨→清洗、除油→镀前准备→电净→一次活化→二次活化→镀打底层→镀尺寸层→镀后处理。镀前准备包括测量和计算镀层厚度，选备石墨阳极、镀笔和镀液等。电净是先用镀笔蘸用电净液刷工件，然后电源正接，电压 14 V，镀笔蘸用电净液快速擦拭表面。在除净油的前提下时间尽量缩短，以 $20\sim40$ s 为宜。

一次活化用 2#活化液，二次活化用 3#活化液。电源反接，电压 16~24 V，活化时间不宜过长，一般不超过 30 s，否则会损伤工件表面。

镀打底层主要是为了提高镀层与基体的结合强度，电源正接，调至起镀电压 14 V，刷镀 5~10 s，起到高压冲镀的作用。再调至正常电压 12 V 刷镀 60~120 s（观察表明均匀地沉积上一层淡黄色镍）。

镀尺寸层选择沉积速度高、能快速修复尺寸的快速镍镀液。镀层接近最终尺寸时，电压应比正常电压降低 1~2 V，以获得晶粒细密、表面光亮的镀层。

（4）电刷镀层检查及质量跟踪。

通过对凸轮轴电刷镀层进行偏车、偏磨试验，可以发现镀层无脱落、掉皮现象的出现。在经过近几年的生产实践，结果发现镀层质量比较稳定，并对用户进行了质量跟踪，经对行驶 5 000 km 后的连杆拆检，可以确认连杆大头孔刷镀层无脱落和缺损现象，并有磨损状况小于同等工况下的未刷镀件。

（5）工艺分析及讨论。

电刷镀过程中，镀笔与工件的相对运动速度对镀层质量影响极大，若相对运动速度太慢，镀笔与工件接触部位发热量大，镀层易发黑，组织易粗糙，还易被"烧焦"；而相对运动速度太快时会降低电流效率和沉积速度，形成的镀层应力太大，镀层裂纹增加、易脱落。凸轮轴电刷镀时专用工作台电机转速定为 26 r/min，相当于相对运动速度为 8.5 m/min。

6.3.3 机床再制造

机床再制造是国家《循环经济促进法》及国务院多项文件中明确的重点领域。机床再制造属于典型的产品型再制造模式，是一种以废旧机床及零部件为坯料，以资源循环再利用为基础，通过对产品进行创新再设计、零部件再制造和整机系统集成，从而满足市场需求的机床制造新模式。

1. 旧机床再制造的原则

旧机床再制造总的原则是在保证再制造机床工作精度及性能提升的同时，兼顾一定的经济性。

（1）从技术角度对老旧机床进行分析、考察，了解其能否进行再制造。

（2）考虑这些老旧机床是否值得再制造，再制造的成本有多高。如果再制造成本太高就不宜进行。例如，机床床身如果发生严重破坏，如床身产生裂纹甚至发生断裂，这样的机床就不具备再制造的价值，必须回炉冶炼。再如机床主轴如果发生严重变形，床头箱已无法继续使用，则也不具备再制造的价值。

（3）虽然有的机床通过现有的技术手段能恢复其使用价值，但再制造的成本较高，一般企业不会采用再制造技术重新修复。

2. 旧机床再制造总的技术路线

（1）评估再制造可行性。

再制造可行性评估是从技术的角度，对需要再制造的设备进行分析，具体需要分析设备失效的原因、关键零部件失效的原因，从零部件的材料性能、受力情况、受损情况等方面进行分析，提出关键零部件再制造可行性报告及整机再制造可行性报告。

（2）确定再制造目标。

在再制造可行性分析的基础之上，确定企业的再制造目标。目标的确定与再制造采用的技术手段、原有机床的剩余价值、再制造成本三者之间存在密切的关系。因此，第二步要从经济角度对再制造产品进行系统分析，再次确定是否具有进行再制造必要性。

（3）设计再制造技术。

根据再制造的目标确定具体采用的技术手段，即采用何种技术手段恢复机床工作精度，采用什么技术提高机床传动精度，以及选用哪一种类型的数控技术等。确定具体的技术指标，使得再制造产品在有限的经费内比原设备在技术性能上有所提升。

（4）规划再制造工艺。

在再制造过程中制定再制造工艺路线、工艺规程，主要包括对原有设备的拆解、零件清洗技术、测量、鉴定和分类；对需修复件进行零件再制造，包括再制造技术的选用、工艺参数的确定、修复后的技术指标确定等。对由于技术提升引起零件性能变化的零部件进行更换，设计、加工新零件对应的联接件等。

（5）控制与检验再制造质量。

选用先进的技术手段，对再制造零件进行再制造，严格遵守相应技术的规范操作，先对再制造零部件进行尺寸、形状、性能检验，然后再进行组装，对整机进行检验，检验时按国家标准执行，与新出厂的产品一样要求，最后还要进行实际加工检验。

（6）技术培训配套服务。

机床用户在购置机床时，购买的不仅是机床本身，还包括人员培训、机床质量保证、备件供应以及长期技术支持等各种配套服务，因为这些配套服务直接影响到机床的利用率和利用效果。

总之，老旧机床再制造从考察机床对象开始到技术培训配套服务是一个系统工程。要使再制造机床使用者同样能够得到供应商或再制造厂家提供的全套服务，消除他们的后顾之忧，扩大老旧机床再制造的范围。

3. 旧机床再制造的内容

旧机床数控化再制造是一条符合国家发展循环经济和建立节约型社会的方针而又具有可行性的途径。机床数控化再制造的主要内容包括机床机械精度的恢复与提升、机床运动系统精度的恢复与提升、机床控制精度的提升。

1）恢复与提升机床机械精度

随着机床服役时间的增加，机床主要零部件包括导轨、小拖板、轴承座等部位都出现不同程度的磨损。为确保零件加工精度要求，需要对机床进行翻新来恢复机床的机械精度。

（1）机床导轨、拖板。

机床导轨的耐磨性及尺寸精度是影响机床使用寿命和精度的主要因素之一。普通机床一般采用由铸铁制造的滑动导轨，传统的机床导轨维修主要通过导轨磨床重磨并刮研拖板的方法来恢复其精度。由于滑动导轨一般采用表面淬火处理来增加其硬度和耐磨性，当表面层磨去过多时，表面硬度降低，有时需要重新淬火。采用这种传统方法需要大型的导轨磨床和高频淬火设备。在缺少这些设备的条件下，传统工艺很难恢复机床导轨精度。

（2）机床主轴旋转精度。

主轴旋转精度调整与维修，包括调整锥形螺纹松紧度、更换主轴轴承及采用电刷镀技术修复轴承座孔磨损。

（3）机床主传动机械部分。

普通机床的主轴一般通过主轴齿轮箱实现多级变速，并且变速时一般还需有手工拉动拨叉来进行换挡，而机械齿轮挡数又比较多，导致变速箱结构复杂、体积庞大。在齿轮高速运转时则会有很大的震动和噪声，这对零件的加工精度必定会产生不良影响。因此，数控机床可以采用交流或直流电动机无级调速，并未扩大输出扭矩，增加了二到四挡的齿轮减速。对旧机床进行数控改造，可考虑采用交流变频调速，即仍然利用原主轴交流电动机，再配备相应的变频器。而对于原主轴齿轮箱部分，应根据齿轮箱的结构和机械磨损程度考虑改进或保留主轴齿轮箱。由于采用无级变速，可减少变换挡数。对于手动换挡，应考虑采用电气自动换挡。一般在机床数控化再制造过程中，主要采用电磁离合器换挡。对于要求实现每转同步进给切削的加工，则需要在主轴旋转的相应部位安装主轴旋转编码器。

2）恢复与提升机床的运动系统精度

机床数控化再制造过程中机床运动精度的要求与普通机床的大修不同，整个机床运动精度的恢复与机械传动部分的改进需要能够满足数控机床的结构特点和数控加工的要求。

（1）传统丝杠。

普通机床通常是采用梯形螺纹丝杠（图6-4（a）），在长时间的使用后大多出现磨损。为保证机床运动精度，提高机床运动灵活度，需要更换为滚珠丝杠（图6-4（b））。

（a）   （b）

图6-4 两种不同的丝杠

（a）梯形螺纹丝杠；（b）滚珠丝杠

（2）缩短传动链

进给系统的改进，主要是减少进给箱内的齿轮对数、缩短进给传动链、由伺服电机直接驱动丝杠或只有一级变速装置，可大大减少传动量各级之间的误差传递；同时增加传动元件消除间隙装置，提高反向精度。普通机床在数控化再制造时，往往是取消原进给箱，换成仅一级减速的进给箱或同步带传动。传递元件要有消除或减少间隙的装置，并由伺服电机直接驱动。

（3）采用减磨技术。

采用纳米润滑脂减磨技术对传动部件减磨。对于不宜使用润滑油的开放式摩擦副，可采用纳米润滑脂减磨技术提高运动部位的润滑质量，改善减磨效果以进一步减少因润滑不良对运动精度的影响。

添加纳米润滑油。对用润滑油的部位在润滑油中添加纳米润滑添加剂，进一步减少摩擦。如在床头箱内添加纳米润滑油，可使齿轮之间的摩擦减小，有利于提高主轴的旋转精度和齿轮的使用寿命。

3）提升机床控制精度

目前我国自行研制的经济型数控系统大多采用步进电机做伺服系统，其步进脉冲当量多数为 0.01 mm，实际加工出的零件综合误差可以小于 0.05 mm，其控制精度要比目前手工操作高得多。提升机床控制精度的主要工作是选择合适性价比的数控系统以及相应的伺服系统。

（1）选定数控系统和伺服系统。

根据要改进机床的控制功能要求，选择合适的数控系统至关重要。由于数控系统是整个数控机床的指挥中心，在选择时除了考虑满足各项功能要求外，还要确保系统工作的可靠性。一般根据性能价格比来选取，并适当考虑售后服务和故障维修等情况，如选用企业已有数控机床中相同型号的数控系统，这将对今后操作、编程和维修等带来较大方便。伺服驱动系统的选取一般按所选数控系统的档次和进给伺服所要求的驱动扭矩大小来决定，如低档经济型数控系统在满足驱动力矩情况下，一般都选用步进电动机驱动方式。通常数控系统和伺服驱动系统由同一家公司配套供应。

（2）选取电动刀架等辅助装置。

在机床数控化再制造中，辅助装置要根据机床的控制功能要求来适当选取。每次换刀时，刀具的重复定位精度对一个较复杂零件的加工精度来说有很大的影响，所以这些辅助装置也必须满足相应的控制精度，必须作为整个系统精度的一部分综合考虑。一般选四工位或六工位电动刀架来实现刀具自动转换功能，刀位数的选择主要按被加工零件的工艺要求来决定。国内也有不少生产厂家可以配套供应大部分数控机床的辅助装置，选取时可以按其产品说明书在机床相应部位上进行安装和调整。

（3）设计和制作强电控制柜。

由于普通机床的电气控制功能要求与数控机床不一样，对于旧机床再制造来讲，一些电气元件已严重老化，所以对旧机床的原有电气控制部分只能报废，并需要重新设计制作。数控化再制造时，强电控制部分的线路设计主要根据数控系统输入输出接口的功能和控制要求进行。当控制功能较复杂时，为简化强电控制部分的电气路线，需要配备 PLC 可编程控制器。数控机床的强电控制部分设计与一般机床基本相同，有些功能如能通过更改数控系统软件等方式由系统直接实现，应尽量设法由弱电控制来完成。因此，能通过弱电控制完成的功能，尽量不用强电控制来实现。强电控制线路的增加，不仅增加了所需元器件和强电控制柜的体积，更主要的是也增加了外部连接的接点数，从而增加了可能产生故障的概率。另外，在对强电控制元器件选择时，一定要注意器件本身的可靠性和产品质量，制作强电控制柜时，要保证每一节点的连结可靠。

（4）制作附件。

在旧机床的数控化再制造过程中，有一些机械部件需要根据原机床结构的相应尺寸和配套件的有关尺寸自行设计并制作，这部分零件的加工对机床整体性能有较大影响，如固定伺服电动机的法兰盘或电动机座、联轴器、传动齿轮、支架、防护挡板等，所以同样需要得到重视。

（5）调试整机、检验机床。

机床各个部件改装完毕后进入调试阶段，调试的一般过程是先对电气控制部分进行连接调试，而后进行联机调试。由于机床数控化再制造的方案多，如果机床类型不同，则再制造内容也不同，因此，上述各步骤是调试的一般过程。针对具体情况则需要具体分析和实施，有时可能需要反复多次，直到达到用户要求为止。对于已初步调试完毕的机床，还要按相应的国家标准对其精度进行检验，包括各个部件自身的精度和零件加工精度。

4. 机床再制造关键技术

由于再制造数控机床设备结构复杂、系统较多，实施单一的技术无法彻底解决机械系统损伤，必须系统地分析机床的损伤现状，才能确定采用相应的先进表面工程技术，并结合传统机床维修技术来实施再制造。下面具体介绍几种典型的表面工程技术。

1）纳米复合电刷镀技术

电刷镀是 20 世纪 80 年代初发展起来的一项表面技术，当初是电镀工人用来修补槽镀零件缺陷的一种方法。具体操作流程是用一块棉花将阳极包裹起来，蘸上槽镀液，在工件缺陷处擦抹。而现在的刷镀技术已经发展成为一项独特的新技术。电刷镀是电镀的一种特殊形式，它不需镀槽，而是使用专门的镀液和阳极（镀笔），采用专用的直流电流设备，依靠浸满镀液的镀笔在工件表面上擦拭而获得镀层。电刷镀机如图 6-5 所示。

图 6-5　电刷镀机

纳米复合电刷镀技术是在电刷镀基础上发展起来的，它利用纳米复合镀液进行刷镀。在刷镀过程中不溶纳米固体颗粒与金属离子共沉积形成纳米颗粒在金属镀层中弥散分布的复合镀层。由于纳米颗粒的特性，使得这种镀层组织细密、晶粒更细小。其镀层的超细晶强化、位错强化和弥散强化作用，使纳米复合镀层的耐磨层性能比普通镍镀层提高了 1.5~2 倍，抗接触疲劳平均循环周次提高了 30%~60%。在 400 ℃下的显微硬度能保持 HV500 以上，其性能远远优于同种金属镀层。纳米颗粒复合电刷镀技术是装备再制造关键技术之一，相对于普通电刷镀技术在镀层的硬度、结合强度、耐磨性、抗接触疲劳性能和服役温度都有了不同程度的提高，这使得刷镀技术的应用范围更加广泛，并解决了诸多传统刷镀技术不能解决的修复难题。

纳米电刷镀技术具有明显的特点：①电刷镀技术设备简单，操作方便；②镀液种类多，镀积速度快，应用范围广（零件不受工件形状、尺寸限制，小到半导体元件，大到几十吨甚至上百吨的设备。可修复比较复杂的零件表面）；③镀层与基体的结合强度高；④镀后工件不变形，一般不需要机械加工；⑤修复周期短，费用低，经济效益大；⑥溶液性能稳定，使用时不需要化验调整，无毒，对环境污染小，不燃不爆，储存运输方便。

由于电刷镀技术具有上述特点，因此电刷镀技术不仅能用于零件的维修，而且能用于零件的表面强化、防腐和装饰，已在武器装备、车辆工程、航空、机械、电子、建筑、船舶、石油等各行各业中被广泛地应用。通过电刷镀技术对零件修补前后的对比如图 6-6 所示。

（a）　　　　　　　　　　　　　　（b）

图 6-6　零件修补前后的对比

（a）修补前；（b）修补后

归纳起来，电刷镀技术可以用于以下方面：恢复磨损零件的尺寸精度和几何精度，填补零件表面的划伤沟槽、压坑，强化零件表面，提高零件表面导电性，提高零件的耐高温性能，减少零件表面的摩擦系数，提高零件表面的防腐性能，装饰零件表面。对于机床导轨、滑动配合面、油泵柱塞轴、主轴轴承、变速箱轴承孔等摩擦表面以及拖板燕尾槽等处工作面的磨损，均可以采用纳米电镀刷技术进行修复。

2）微脉冲电阻焊技术

微脉冲电阻焊技术是一种采用特殊设计的电脉冲电源的电阻焊技术，也称为微脉冲冷焊技术。此项技术起步于 20 世纪 90 年代初期。微脉冲电阻焊技术利用电流通过电阻产生的高温，将补材施焊到工件母材上去。在有电脉冲的瞬时，电阻热在金属补材和基材之间产生焦耳热，并形成一个微小的熔融区，构成微区脉冲焊接的一个基本修补单元；在无电脉冲的时段，高温状态的工件依靠热传导将前一瞬间的熔融区的高温迅速冷却下来。由于无电脉冲的时间足够长，这个冷却过程完成得十分充分。从宏观上看，在施焊修补过程中，工件在修补区整体温升很小。因此，微脉冲电阻焊技术，是一种"冷焊"技术。微脉冲冷焊设备如图 6-7 所示。

图 6-7　微脉冲冷焊设备

微脉冲电阻焊技术可以解决一类传统机械零件维修中的难题，即只在维修部位填充金属与机体产生非冶金结合，而不会对被修零件产生热损伤，它可以修复机床导轨工作面上的浅划伤或其他损伤。由于其具有独特的技术性能，故适合修理精密机械零件，特别适合于已经过热处理的、表面异形的、材质合金量高的钢件以及表面光洁度要求高的精密零件的少量缺损的修复。

3）纳米润滑减磨技术

机械零部件的磨损主要发生在边界润滑条件下。摩擦修复型添加剂可以显著降低边界润滑条件下的摩擦磨损。在摩擦条件下，摩擦修复型添加剂在摩擦化学作用下，在摩擦副表面上沉积、结晶、铺展成膜，使磨损得到一定的补偿，并具有一定抗磨、减磨作用。纳米材料的加入也进一步增加了自修复和减磨作用。

由于机床主轴箱齿轮箱润滑是通过油泵润滑和溅油润滑来实现的。在普通机油中加入纳米添加剂，可以显著提高润滑效果，降低零件的正常磨损速度，特别是提高在边界润滑条件下的减磨效果。对于丝杠、丝杠轴端、刀架、尾座套筒的润滑，润滑点数量多，手续烦琐且容易漏掉。采用加入纳米润滑添加剂的润滑脂，可以提高润滑脂的润滑效果，减少润滑工作量。

4）表面粘涂修复技术

表面粘涂修复技术是指将填加特殊材料（简称骨材）的胶黏剂涂敷于零件表面，以赋予零件表面特殊功能（如耐磨损、耐腐蚀、绝缘、导电、保温和防辐射等）的一项表面新技术。此类胶黏剂就是修补剂。粘接主要是实现零部件之间的连接，而表面粘涂是在零件表面形成功能涂层。粘涂技术在设备维修领域中应用十分广泛，不仅用于密封、堵漏、绝缘等方面，还广泛应用于修补零件上的多种缺陷，如螺纹划伤、尺寸超差、铸造缺陷等。在机床床面大面积拉伤且深度较大时，如使用纳米电刷镀、微脉冲电阻焊技术修复则存在实施时间长、难度大等问题。

表面粘涂技术除能对一般零件进行修复外，尤其适用于以下特殊材料和特殊工况零件的修复：

（1）难于或无法焊接的材料制成的零件，如铸铁、硬化钢板、铸铝、铝合金、塑料和有橡胶涂层的金属零部件，用表面粘涂技术修复很理想。

（2）薄壁零件，用热修复方法（如堆焊）修复时容易变形和产生裂纹，用表面粘涂修复可以避免这些问题的产生。

（3）结构形状复杂的零件内外沟槽、内孔磨损，难以焊补，采用表面粘涂技术修复是十分方便的。

（4）某些特殊工况和特殊部件，如燃气罐、贮油箱、井下设备等（其有爆炸危险）失效零件的修复，用表面粘涂技术是最为安全可靠的。

（5）需现场修复的零部件，如拆卸困难的大型零部件，油、气泄漏管道以及某些缺少热修复条件却又急于修复的零部件，可采用表面粘涂技术现场修复，既提高工作效率，又缩短维修周期和停机时间。

总之，表面粘涂作为一种表面修复与强化技术，具有突出的优点，即免除传统电气焊、喷涂、刷镀的困扰，可以解决其他表面技术难以解决的技术难题。因此可以采用高强度纳米黏结剂实施修复，可达到节省时间、提高经济效益的目的。

6.4 强化训练题

一、填空题

1. 机电设备的更新方式有_____和_____两种。

2. 企业自有资金有_____基金、生产发展基金、大修基金、其他。

3. 机电设备从设计到报废，或者从购置到报废这段时间，有两个变化过程，分别是_____过程和_____变化过程。

4. 属于机电设备寿命的有_____、_____、_____。

5. 机电设备合理购置的原则有_____、_____、_____。

二、单选题

1. 对现有机电设备的改造、更新等进行合理投资（列入固定资产）称为（　　）。

A. 经费支出　　　B. 资本支出　　　C. 改造支出　　　D. 更新支出

2. 不属于报废设备的处理方法有（　　）。

A. 出售给能利用的单位

B. 可利用的零部件、附件、电机等拆下留用

C. 将该设备从资产中注销

D. 继续使用

3. 机电设备因自然灾害原因而造成的报废是（　　　）。

A. 事故报废　　　　B. 蚀损报废　　　　C. 技术报废　　　　D. 经济报废

4. 机电设备从开始投入使用到报废所经过的时间称为（　　　）。

A. 物质寿命　　　　B. 经济寿命　　　　C. 技术寿命　　　　D. 无形寿命

5. 下面属于机电设备改造的经济方面总结的是（　　　）。

A. 关键工艺总结　　B. 试制总结　　　　C. 设备的停歇时间　D. 鉴定总结

6. 机电设备更新和技术改造应提高（　　　）。

A. 销量　　　　　　B. 经济效益　　　　C. 产量　　　　　　D. 质量

7. 机电设备改造是机电设备更新的（　　　）。

A. 重点　　　　　　B. 原因　　　　　　C. 条件　　　　　　D. 基础

三、简答题

1. 什么是机电设备更新？

2. 设备更新和改造的必要性是什么？

3. 简述再制造的概念。

4. 简述再制造的优势和不足。

5. 简述汽车发动机再制造工艺流程。

项目7 机电设备的折旧、回收与报废

机电设备的整个寿命周期包括设备规划、设计、制造、选型、购置、监造、安装调试、使用、维修、改造、回收与报废等各个阶段。机电设备回收是指充分利用废旧设备中有用的零部件和材料的过程。机电设备报废是指对使用超过其自然寿命或在其自然寿命结束前因技术原因被淘汰的机电设备而采取的一种废弃处理过程。

机电设备的折旧
回收与报废

 知识拓展

机电设备回收与可持续发展

制造机电设备的金属材料主要依靠金属矿冶炼，然而金属矿都是不可再生能源，是大自然赋予人类的宝藏。随着我国经济的快速增长，人们对矿产品的需求量日益增加，特别是贵金属、轻金属和稀有金属，矿产含量正在逐渐减少。这些矿产并不是取之不尽、用之不竭的。

我国的机电设备资产庞大，每年因各种原因导致报废、淘汰的机电设备不计其数。淘汰或已经报废的机电设备，虽然失去了整体的加工性能，但它的零部件可能仍有使用价值，因此可以把机电设备看成是可回收物。如果随意弃置这些废旧机电设备既造成了环境的污染，又浪费了有限的金属资源。而且回收机电设备的废弃金属与直接冶炼金属矿相比成本更低。如果能将这些报废淘汰的机电设备回收利用起来，这是非常符合我国可持续发展的战略的。

可持续发展是指既要满足当代人的需求，又不对满足后代人需求的能力构成危害的发展。如果我们这一代人把资源全部用完了，那我们下一代人就无资源可用了。随着社会科技信息化和经济全球化的不断推进，我们将进入可持续发展竞争激烈的时代。根据我国国情，必须统筹规划水、矿产等资源的管理，坚持资源开发和节约并举，建立资源节约型和环境友好型社会。机电设备的回收利用，正是属于资源开发的一种方式。机电设备的回收主要包含金属材料和电气元件回收。大力开展金属回收是我国金属工业可持续发展的重要途径之一，不仅可以在一定程度上解决国内金属矿山原料不足的问题，而且有助于保护自然环境，减少金属生产和消费过程中对生态环境的影响和破坏。铜、铝、金、银等大部分有色金属均具有良好的可回收性，能够反复循环使用而不影响使用性能。充分发挥金属的可回收性可以大大缓解经济发展对金属资源不断增长的需求，并且实现金属材料的可持续性发展。

从长远来看，地球上资源是有限的，并不是取之不尽、用之不竭的，终将会有匮

乏的那一天。因此资源的回收利用不仅能够保护环境，增加资源的利用价值，而且能够减少对原生资源的开采，延迟资源枯竭那一天的到来。机电设备的回收对金属资源的可持续发展意义重大。

7.1　机电设备的折旧

对企业来说，其生产经营利润等于收入减去支出。企业购置和维修机电设备的费用属于支出，这类支出具有金额大、受益期长的特点。如果将购买机电设备的支出，一次性记入某个月或某一年，则当月或当年企业利润会有明显的降低，而实际上当月或当年从该机电设备得到的受益只占该机电设备的小部分，导致其他受益的月份没能体现出相应的支出，从企业资产管理的角度来看这是不合理的。因此当企业有固定资产入账后，应在其有效使用期内平摊购买资产的支出，按月或按年列出，这就是折旧费用。

机电设备在使用过程中转移到企业生产成本中的那部分价值，称为机电设备折旧。也就是说，机电设备具有能够连续在有效的使用周期内发挥作用，并保持其原有的实物形态不变的特点。机电设备的价值是随着其自身的损耗逐渐减少到一定残值，将原值与残值之差在使用年限内以一定方法进行分摊，就是机电设备折旧。机电设备作为企业生产的固定资产，是用来生产产品的，也是有成本的，机电设备的价值就是企业的生产成本，需要记入产品的成本中去进行摊销，这就是机电设备为什么要折旧的原因。

为了让企业用于购买固定资产的资金进入一个良性的循环，可以将机电设备的折旧费用从企业收入当中及时提取出来，形成折旧基金。企业可以通过折旧基金对机电设备进行技术改造和更新，这有利于企业自身的发展。

7.1.1　折旧问题的三要素

机电设备的折旧期限和折旧方式直接影响企业经营利润，而企业经营净利润所得税是国家财政收入的重要组成部分，因此折旧问题不但关系企业的利益，同时也影响国家的利益。快速折旧可以使企业用于固定资产的资金加速周转，并且加速机电设备的技术更新和改造，及时将新工艺、新技术运用到企业生产当中。如果机电设备折旧期过长，则会出现机电设备陈旧、加工工艺达不到产品要求等情况，进而影响产品的质量和数量，企业的经营利润就会受到损失。

想要定量地研究机电设备折旧问题，就需要具体研究对机电设备折旧问题影响最大的三个要素。分别是计划折旧回收总额、合理的折旧期和折旧计算方法。

1. 计划折旧回收总额

在机电设备的有效使用期内，通过折旧的手段可以回收的机电设备价值，称为计划折旧回收总额。计划折旧回收总额由两个部分组成，一部分是基本折旧回收总额，另一部分是大修折旧回收总额。基本折旧回收总额对应的是机电设备的原值，也就是企业最开始购买机电设备的支出部分。其计算公式如下：

$$k_j = k_b + k_r$$

$$k_b = k_0 - (k_s - k_c) \tag{7-1}$$

式中，k_j——计划折旧回收总额；

k_b——基本折旧回收总额；

k_r——大修折旧回收总额；

k_0——机电设备的原值，包含机电设备的购买价格、运输费、安装费、技术人员培训费用和其他相关的杂费等；

k_s——机电设备的残值，是指机电设备过了有效使用期之后的价值；

k_c——其他费用，如对于要拆除清理的废旧机电设备需要支付的清理费用。

2. 折旧期限

当折旧基金的累计总额等于机电设备的原始价值和大修费用之和时，折旧就应当停止。因为如果再把折旧过程继续延长下去，折旧基金的累计总额则会越高，而折旧基金的资金来源于产品的成本，这相当于变相提高了产品的生产成本，产品生产成本的增加对产品在市场上的竞争是不利的。如果过早地停止折旧，也就是折旧基金的累计总额小于机电设备的原始价值和大修理费用之和，会导致机电设备的原始价值和大修理费用价值没有完全回收，这将减少企业折旧基金的资金来源，不利于企业机电设备的更新和技术改造。过早地停止折旧和任意延长折旧过程都不利于企业机电设备的管理。因此合理地确定折旧年限不仅可以真实地反映企业的生产成本，也有利于促进机电设备更新和技术改造。在确定机电设备折旧的年限时，我们一般遵循以下三个原则：

（1）确定折旧年限时必须服从法律或相关规定。我国在制度上设置了机电设备资产最短折旧时间，根据机电设备的类型，分别做了规定。企业应根据机电设备使用的时间、使用环境及条件，在服从相关规定的基础上合理确定机电设备资产的折旧年限。

（2）折旧年限应反映机电设备的磨损。折旧年限应正确地反映机电设备的有形磨损和无形磨损。有形磨损是指机电设备使用过程中真实发生的损耗。无形磨损是指因技术进步、市场需求变化以及产品过时等原因导致企业现有机电设备技术水平相对落后。合理的折旧年限，不仅要考虑机电设备使用的有效期限，也要考虑机电设备技术更新换代的问题。

（3）折旧年限要反映机电设备的寿命。对于使用频繁且保养不及时的机电设备，寿命必将缩短。使用率低、保养好的机电设备，寿命则会更长。因此在确定机电设备折旧年限时，如果预计该机电设备的生产能力强或利用率高，则损耗较快折旧年限就应该较短，这样才能确保机电设备正常更新和改造的进程。对于利用率低的机电设备，如精密、大型、重型、稀有、专用机电设备，由于价值高而且利用率低、维护较好，折旧年限可以适当延长，大于一般的通用机电设备。

3. 折旧方法

采用合理的方法计算机电设备的折旧费用对企业也具有重要的意义。首先，机电设备折旧费用作为折旧基金的来源，为企业的机电设备修理以及陈旧落后的机电设备进行更新改造提供资金保障；其次，机电设备折旧费用需要体现在产品的生产成本中，采用合理正确的方法计算机电设备的折旧费用，才能够真实反映产品的生产成本，进而得到企业真实的利润，有利于企业经营者根据企业利润判断企业的经营状况，及时调整企业经营策略；最后，企业都是需要根据自身经营情况向国家缴税的，采用不合理的方法计算机电设备的折旧费用可能会影响企业当年的纳税情况。常用的折旧方法分类如图 7-1 所示。

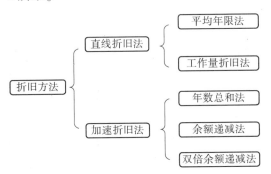

图 7-1　常见的折旧方法分类

7.1.2　机电设备折旧的计算方法

1. 平均年限法

平均年限法是按固定资产的使用年限，平均折旧的方法。按平均年限法所计算的每年的折旧额是相同的。当各年使用资产情况相同时，采用平均年限法是比较恰当的。它是最简单最普遍的折旧方法，适用于各个时期使用情况大致相同的固定资产折旧。采用平均年限法计算机电设备的折旧费用是指在机电设备的有效使用期内平均分摊机电设备的原始价值。机电设备的残余价值是指机电设备清理时剩下的材料、零部件等的变价收入。机电设备清理费用是清理机电设备时发生的支出。机电设备残余价值扣除清理费用后的金额就是机电设备的预计净残值。平均年限法的计算方法为：

$$年折旧额 = \frac{固定资产原值 - 预计净残值}{预计使用年限}$$

$$月折旧额 = \frac{年折旧额}{12}$$

例：某零食生产企业机电设备原值为 30 万元，预估残值为 12 000 元，折旧年限为 10 年，10 年后机电设备清理费为 2 000 元，不考虑大修折旧回收总额，使用平均年限法求机电设备的年折旧额。

解：$年折旧额 = \dfrac{固定资产原值 - 预计净残值}{预计使用年限} = \dfrac{300\,000 - (12\,000 - 2\,000)}{10} = 2.9（万元）$

2. 工作量折旧法

工作量折旧法又称为作业量法，它是以机电设备的使用状况为依据计算折旧的方法。对于价值大而又不经常使用的某些大型精密机电设备，采用平均年限法不能如实地反映机电设备的使用情况，就可以使用工作量折旧法。工作量折旧法是假定机电设备的生产加工能力随着它的使用程度的增加而减退，因此机电设备的成本是根据该机电设备的实际工作时间分摊于各个期间的，也就是说机电设备的使用时间越长，则该期间机电设备的使用成本越高，分摊到的折旧费用也就越多。工作量折旧法与机电设备的使用情况密切相关，因而被许多企业采用。工作量折旧法的计算方法为：

$$单位作业量折旧额 = \frac{固定资产原值-预计净残值}{预计总作业量}$$

$$各期折旧额 = 单位作业量折旧额 \times 各期实际作业量$$

3. 加速折旧法

加速折旧法是指固定资产使用前期折旧费用较多，后期折旧费用较少，使固定资产价值在使用年限内尽早得到补偿。从固定资产所含经济利益预期实现方式看，固定资产的效能随着其使用寿命的减少而逐步降低。也就是说当机电设备处于比较新的状态时，机电设备的技术状态稳定、生产能力强，而且维修费用低、维修时间短，实际使用时间较长，可以为企业创造更多的效益。当机电设备处于较旧的状态时，随着机电设备的磨损，机电设备的技术状态相对更不稳定，生产能力也会下降，随着维修次数和维修费用的增加，机电设备的使用时间会缩短，进而会降低企业的收益。因此，为了使折旧的费用与机电设备的使用规律一致，按照配比原则的要求，在机电设备使用初期折旧费用较多，在使用后期折旧费用较少，折旧费用呈现递减的趋势。

由于机电设备技术状态的不断更新，原有技术相对落后的机电设备变得不经济或满足不了生产工艺的要求，因而会减少机电设备的使用年限。因存在这种无形损耗，所以原有机电设备虽然可以继续使用，但不能满足产品质量的要求，进而会影响生产效率、提高生产成本，因此以补偿无形损耗为主的加速折旧法的应用更具有现实性。加速折旧法的本质，是让企业尽早回收机电设备投资，进而可以更新改造企业机电设备，提高劳动生产率和产品质量，从而提高企业的竞争力。

（1）年数总和法。将固定资产的原值减去净残值后的差，再乘以一个逐年递减的分数，来计算确定固定资产折旧额的一种方法。若假设一个机电设备的折旧年限为n年，那么它的折旧年限的逐年数字总和就是$1+2+3+4+\cdots+n=n(n+1)/2$。年数总和法的计算方法为：

$$年折旧额 = \frac{(固定资产原值-预计净残值) \times 尚可使用年数}{年数总和}$$

例：某零食加工厂2000年购买一台机电设备，价值为20万元，折旧年限为5年，预计净残值收入为5 000元，不考虑大修折旧回收总额，用年数总和法，求该机电设备各年的折旧额。

解：

$$年折旧额 = \frac{(固定资产原值-预计净残值) \times 尚可使用年数}{年数总和}$$

$$第一年年折旧额 = \frac{(200\,000-5\,000) \times 5}{(1+2+3+4+5)} = 6.5（万元）$$

$$第二年年折旧额 = \frac{(200\,000-5\,000) \times 4}{(1+2+3+4+5)} = 5.32（万元）$$

$$第三年年折旧额 = \frac{(200\,000-5\,000)\times 3}{(1+2+3+4+5)} = 3.9 \ (万元)$$

$$第四年年折旧额 = \frac{(200\,000-5\,000)\times 2}{(1+2+3+4+5)} = 2.6 \ (万元)$$

$$第五年年折旧额 = \frac{(200\,000-5\,000)\times 1}{(1+2+3+4+5)} = 1.33 \ (万元)$$

（2）双倍余额递减法。双倍余额递减法是指在机电设备使用年限最后两年的前面各年，用平均年限法折旧率的两倍作为固定的折旧率乘以逐年递减的机电设备原始价值得出各年折旧额的方法。需要注意在机电设备使用年限的最后两年，使用平均年限法计算折旧额，也就是在倒数第 2 年将机电设备原始价值减去机电设备净残值后的余额平均摊分。双倍余额递减法在一开始是不考虑机电设备的净残值的，到最后两年才会减去机电设备的净残值。平均年限法的计算方法为：

$$折旧年限最后两年之前的各年：年折旧率 = \frac{2}{预计使用年限}\times 100\%$$

$$年折旧额 = （固定资产原值 - 累计折旧额）\times 年折旧率$$

$$折旧年限最后两年：年折旧额 = \frac{固定资产原值 - 累计折旧额 - 预计净残值}{预计使用年限}$$

例：某零食生产公司于 2010 年购入一台机电设备，其原始价值为 1 000 万元，折旧年限为 5 年，预计净残值为 5 万元，不考虑大修折旧回收总额，采用双倍余额递减法计算，求该机电设备每年的折旧额。

解：

$$第一至三年：年折旧率 = \frac{2}{5}\times 100\% = 40\%$$

$$第一年折旧额 = （1\,000-0）\times 40\% = 400 \ (万元)$$

$$第二年折旧额 = （1\,000-400）\times 40\% = 240 \ (万元)$$

$$第三年折旧额 = （1\,000-400-240）\times 40\% = 144 \ (万元)$$

$$第四年折旧额 = \frac{(1\,000-400-240-144-5)}{2} = 105.5 \ (万元)$$

$$第五年折旧额 = \frac{(1\,000-400-240-144-105.5-5)}{2} = 52.75 \ (万元)$$

（3）双倍余额递减法和年数总和法的区别。

首先从折旧基数上看，双倍余额递减法的折旧基数是逐年递减的，在计算下一年的折旧金额时，需要用机电设备原始价值减去已经折旧的金额，所以折旧基数是逐年递减的。年数总和法的折旧基数则是保持不变的，会一直等于机电设备的原始价值减去机电设备的净残值，是一个固定不变的数。从折旧率上来看，不考虑最后两年，双倍余额递减法的折旧率是保持不变的，会一直等于平均年限法折旧率的两倍。而年数总和法的折旧率是逐渐递减的，因为机电设备的尚可使用年限是在逐年递减的，所以导致机电设备的折旧率也在逐渐减小。

7.1.3 价值工程

价值工程是指以提高产品价值和有效利用资源为目的，通过有组织的创造性工作，寻求用最低的寿命周期成本可靠地实现使用者所需功能，以获得最佳综合效益的一种管理技术，也就是说用最低的价值实现产品必需的功能。价值工程是英文单词 Value Engineering 的缩写，所以价值工程也简称 VE。体现价值工程的一般表达式为：

$$V = \frac{F}{C} \tag{7-2}$$

式中，V——价值系数；

$\quad\quad$ F——价值化了的功能；

$\quad\quad$ C——寿命周期成本。

1. 提高价值工程的途径

（1）双向型：既提高功能又降低成本，这是提高价值的最佳方法。

（2）改进型：当成本不变，通过提高功能的方法提高价值。

（3）节约型：当产品的功能不变，通过降低成本的方法也能够提高价值。

（4）投资型：成本只提高一点点，大幅度提高功能进而来提高价值。

（5）牺牲型：小幅度降低功能，大幅度降低成本进而来提高价值。

2. 价值工程的实施步骤

价值工程强调不断改革和创新，是以集体的智慧开展的有计划、有组织的管理活动。价值工程的实施包含选择对象、收集情报、功能分析、创造方案和方案的分析与评价 5 个步骤。

（1）选择对象。

选择对象是要确定对哪些产品进行价值工程分析。从产品成本考虑，可以选择单位成本高的产品进行分析，这些产品具有价值优化的空间很大。从产品发展方面看，可以选择市场需求量大、发展前景好的产品进行分析。

价值工程对象选择的方法主要有 ABC 分析法和百分比法。

ABC 分析法是价值工程对象选择的常用方法之一，在利用 ABC 分析法进行对象选择时，首先将零件按照成本大小进行排序，优先选择成本大的少数零件作为价值分析的对象，也就是找出 A 类零部件作为重点对象。这些零部件数量少但成本较高，对它们进行价值工程分析时，可以采用较少的人力成本取得较大的成果。

百分比法是指在不同产品或同一产品的不同组成部分中，通过分析两个或两个以上的技术经济指标所占有的百分比，来确定价值工程的对象。

如果分析对象的数量不多，则采用百分比法比较快速方便；否则采用 ABC 分析法更合适。

（2）收集情报。

在确定价值工程分析对象之后，就可以根据分析对象来收集技术经济情报。用户方面包含用户的使用目的、使用条件、使用环境等。市场方面包含市场需求、同类竞争产品的价格、利润等。技术方面包含产品的设计、加工工艺等技术资料，以及国内外同类产品的设计方案、产品结构等。经济方面指产品的成本构成。政府社会方面包含有关法规、条例、环保政策等。企业的基本情况包含生产规模、经营情况、盈利能力等。

（3）功能分析。

功能分析是分析所选对象的功能并将其量化，以及分析所选对象的功能与成本之间的关系。功能分析的结果将作为提出创新方案的重要依据。例如，通过功能分析可以找到替代的更便宜的材料制造某些零件，或者改进产品原有的设计从而省掉不必要的零部件。

（4）创造方案。

进行完功能分析后，将功能分析的结果作为创新方案的依据，提出创新方案。可以采用头脑风暴法和哥顿法进行方案的创造。

（5）方案的分析与评价。

为了确保选用的方案是真实可行的，必须对选出的创新方案进行验证，包括方案的规格和条件是否合理、恰当，方案的优缺点是否明确，存在的问题是否有进一步的解决措施。对创新方案验证完之后，可以从性能、质量、成本等各个方面，详细列出各方案的优缺点，根据方案的优缺点对比评价，选择最优方案。

7.2　机电设备的回收

7.2.1　机电设备回收的意义

机电设备经过长期不断的运行使用，会发生磨损、老化，进而导致生产效率、安全性和可靠性下降的情况，超过折旧年限的机电设备虽然不能够满足生产加工的要求，但机电设备的其他组成结构可能还具有继续使用的价值，这时就可以对机电设备其他还具有使用价值的结构进行回收。

我国的机电设备资产庞大，每年因各种原因导致报废、淘汰的机电设备不计其数。大量的机电设备报废不仅容易污染环境，而且会对资源造成巨大压力。如果能够将这些机电设备回收再次利用，不仅能够减轻经济发展导致资源需求日益增多的压力，而且还能够提高机电设备的净产值，减少企业购置机电设备的成本。

结构比较单一的机电设备主要是由金属材料制成，但随着技术的更新和发展，机电设备逐渐智能化，机电设备结合了许多电气元件。现代机电设备的回收主要包含金属材料和电气元件回收。从长远来看，我们生活的地球上资源是有限的，并不是取之不尽、用之不竭的，终将会有匮乏的那一天。因此资源的回收利用不仅能够保护环境，增加资源的利用价值，而且能够减少对原生资源的开采，延迟资源枯竭那一天的到来。机电设备的回收对金属资源的可持续发展意义重大。

7.2.2　机电设备的回收方式

过去人们只是简单地将报废的机电设备作为废弃金属材料处理，这对于结构单一、功能单一的机电设备而言是比较合理的。随着我国经济的飞速增长，市面上的机电设备涉及的领域众多，而且种类繁多，各行各业都需要用到机电设备来提高生产效率、减少人力成本。经济的飞速增长，也促进了机电设备的技术更新和改造，市面上出现了大量组合型、智能化、综合一体的大型机电设备。如果仅仅从废弃金属角度对这些报废机电设备进行处理，那这些机电设备当中具有独立功能和仍具有使用价值的零部件将会失去再利用的机会，造成机电资源浪费。根据机电设备的用途不同，可以将机电设备分为三大类，分别是产业类机电设备、民生类机电设备和信息类机电设备，其回收方式也不尽相同。

1. 产业类机电设备的回收

产业类机电设备是指用于企业生产的机电设备，数控车床、普通车床、线切割机床、纺织机械、工业机器人、电动机、3D 打印机等都属于产业类机电设备。产业类机电设备的回收过程如图 7-2 所示。

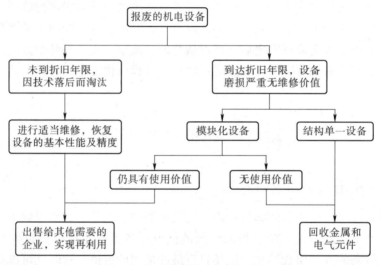

图 7-2　产业类机电设备的回收过程

首先，确定机电设备报废的原因，可能是机电设备生产加工技术满足不了产品的工艺要求，导致机电设备还未到折旧年限，就因技术落后而被淘汰；或者机电设备使用时间已经超过折旧年限，在使用过程中损耗严重，不具备任何维修价值。

其次，确定好机电设备报废的原因之后，根据不同的报废原因对机电设备进行不同的回收处理。对于因技术状态落后且不具备技术更新价值而淘汰的机电设备，根据机电设备的实际磨损情况，对机电设备进行小修或中修后，恢复机电设备的基本性能和加工精度。对于因到达折旧年限且不具备维修价值的机电设备，根据机电设备结构和加工功能的复杂程度对机电设备进行分类，将机电设备分为简单机电设备和模块化机电设备。

最后，企业可以将已经恢复基本性能和加工精度的机电设备，出售给其他需要的企业，实现机电设备的再利用。出售价格应在机电设备原始价值的基础上减去已经折旧的金额，再加上机电设备在使用过程中的再追加价值，比如机电设备的维修费用。对于功能单一、结构简单且不具备维修价值的机电设备，如普通车床，制作材料主要是金属材料，企业可以直接作为废弃金属处理。对于模块化的复杂程度较高的机电设备，虽然可能失去了主要的加工功能，但其他模块或零部件依旧具有使用价值，则可以将这些零部件或模块拆解下来，单独对这些零部件和模块进行回收。

2. 民生类机电设备的回收

民生类机电设备是指用于人民生活领域的机电设备，如空调、电冰箱、微波炉、汽车等。民生类机电设备具有智能化的特点，且机电设备的普通金属含量普遍不高。对于民生类机电设备可以回收其最有价值的零部件。

3. 信息类机电设备的回收

信息类机电设备是指用于信息的采集传输和存储处理的机电设备，如通信机电设备、传真机、打印机、计算机终端以及其他办公自动化机电设备。信息类机电设备具有轻便、更新换代快的特点。回收信息类机电设备时，主要是对机电设备中的电子元器件进行回收。

7.3 机电设备的报废

7.3.1 机电设备报废的原因

机电设备在使用或者闲置过程中受力和自然力的作用，因此机电设备零部件会发生摩擦、振动和疲劳使机电设备产生损耗，性能逐渐弱化和贬值。想要了解机电设备报废的原因，就需要先了解机电设备的磨损。机电设备的磨损一般有两种形式，分别是有形磨损和无形磨损。

1. 机电设备的有形磨损

机电设备在使用或闲置过程中发生零部件的实体损耗和磨损称为有形磨损。机电设备的有形磨损是真实看得见的，导致机电设备产生有形磨损的原因有两种。一是机电设备在正常使用过程当中，由于零部件间隙，配合的表面因摩擦震动和疲劳等情况产生磨损。这种因使用而产生的磨损，会使零部件的原始尺寸甚至零部件的形状发生变化，进而改变机电设备的公差配合状况，导致机电设备的加工精度下降，不能满足产品工艺要求。这种因使用而产生的磨损不仅会增加机电设备的维修费用和维修时间成本，当磨损发展到严重程度，机电设备不能继续正常工作时，还可能会导致故障频发，最后使机电设备报废。二是机电设备在闲置或封存过程中，由于自然力和环境的作用，如环境的湿度、温度太高，容易发生生锈、腐蚀、橡胶和塑料老化等现象，进而失去基本的工作性能。

2. 机电设备的无形磨损

机电设备的无形磨损是指机电设备价值的损失。机电设备在使用或者闲置的过程当中，不是由于使用或自然环境的原因，而是随着时间的推移和科学技术的进步，导致机电设备的技术状态落后，而引起的机电设备价值损失，称为无形磨损。造成无形磨损也有两种原因：一种是由于机电设备生产厂家的技术提升以及工艺和管理水平的提高，生产同样的机电设备所需的成本降低，因而使原机电设备相应贬值；另一种是由于科学技术的发展而不断出现技术先进、加工效率更高的机电设备，使原机电设备在还未到达折旧期时，就显得相对陈旧落后，原始价值降低。

机电设备在有效使用期内，有形磨损和无形磨损会同时发生，都会导致机电设备原始价值降低，严重时会导致机电设备报废。机电设备在有效使用期内因性能严重劣化，不能满足生产要求且无法维修；或者经维修后能够恢复加工性能和精度，但因加工技术落后不如更换新机电设备更经济；又或者机电设备不能满足产品升级后的工艺要求，而需要更新换代，遇到这些情况，都应该及时对机电设备进行报废，更换新机型。

7.3.2　机电设备报废的方式

1. 机电设备报废的条件

满足以下任何条件之一的机电设备，都应该立即申请报废：

（1）超过规定的折旧年限，零部件严重磨损，达不到企业最低的生产要求，且无修复或技术改造价值的机电设备。

（2）虽然没有超过规定折旧年限，但由于零部件严重磨损而又无修复价值的机电设备。例如因功能操作不当，导致机电设备发生严重磨损，需要进行大修才能使机电设备恢复原有的加工精度和性能，但通过评估发现，大修的时间成本和金钱成本不能在机电设备修好后通过生产加工收回，这样的机电设备虽然没有超过使用年限，但也不具备修复价值，应及时报废。

（3）生产加工影响安全、严重污染环境，且不能有效解决，或者通过采取一定措施能够得到解决，但在经济上不划算的机电设备应及时报废。例如 75 型、89 型改良型焦炉，焦炉燃烧排放的气体严重污染环境，需要及时报废。

（4）机电设备老化、技术性能落后，耗能高、效率低、经济效益差，或者由于新机电设备的出现，若继续使用旧机电设备，可能严重影响企业经济效益的，应及时报废。

（5）国家强制淘汰的高耗能机电设备。例如窑径小于 2 m 及生产能力 3 万 t 以下的水泥机械化立窑，由于污染太大，已经被国家强制淘汰。

（6）因为其他原因而不能继续使用，也不宜转让给其他企业，且又无保留价值的机电设备也应及时报废，否则会增加企业机电设备管理的成本。

2. 机电设备报废的种类

（1）事故报废。

事故报废是由于发生重大机电设备事故或不可抗力因素如自然灾害，导致机电设备损坏至无法修复或没有修复经济价值而造成的报废。

（2）蚀损报废。

蚀损报废是指机电设备由于长期使用或受环境等因素的影响，主要部位遭受磨损、腐蚀、变形、劣化等，不能保证机电设备使用安全或机电设备本体丧失使用价值的报废。

（3）技术报废。

技术报废是指由于机电设备的技术寿命终止形成的报废。比如机电设备的控制系统或控制方式落后，机电设备效率、精度下降；或者机电设备污染严重，不能达到环境保护要求，而且也不能通过局部改造与修理解决以上问题而导致报废。

（4）经济报废。

经济报废是指从经济角度采取的报废措施，并不完全依据机电设备的磨损状态，而是根据机电设备的技术状态，当技术状态太过落后，而影响了企业的经济效益时，就应该及时报废旧设备，购置新设备。

（5）特种报废。

特种报废是指某些小批量进口机电设备，当随机配件用完后，国内无配套配件购买，且国外已经停产并且单独引进配件成本非常高，机电设备长期停转不得不报废。

3. 机电设备报废的处理

首先应及时将报废机电设备从生产现场拆除，并将拆除影响生产的时间减少到最低程度。其次对报废机电设备回收合理再利用。由于发展新产品及工艺进步的需要，某些机电设备在某些企业不宜使用，如机电设备加工性能没有损坏，只是加工精度达不到产品的要求，这类机电设备在完成报废手续后还可提供给其他企业使用。最后应注意报废机电设备的价值管理，机电设备报废后，机电设备管理部门应将机电设备报废单交送企业财务部门注销账单，不再从机电设备中提取折旧金额。

7.4 强化训练题

一、填空题

1. 折旧问题的三要素是_____、_____、_____。

2. 加速折旧法有_____、_____、_____。

3. 根据机电设备的用途不同，可以将机电设备分为_____、_____、_____。

4. 机电设备的磨损一般有两种形式，分别是_____和_____。

5. 以机电设备的使用状况为依据计算的折旧方法为_____。

6. 机电设备报废的种类有_____、_____、_____、和_____。

二、简答题

1. 提高价值工程的途径有哪些？

2. 简述价值工程的实施步骤。

3. 机电设备报废的条件有哪些？

4. 采用合理的折旧方法计算机电设备折旧费用的意义是什么？

5. 简述双倍余额递减法和年数总和法的区别。

三、计算分析题

1. 某机械加工企业有机电设备原值为 20 万元，预估残值为 8 000 元，折旧年限为 16 年，16 年后机电设备清理费为 2 000 元，不考虑大修折旧回收总额，使用平均年限法求机电设备的年折旧额。

2. 某食品生产企业购买一台机电设备，价值为 10 万元，折旧年限为 8 年，预计净残值收入为 1 000 元，不考虑大修折旧回收总额，用年数总和法求该机电设备各年的折旧额。

3. 某视频制作公司购入一台机电设备，其原始价值为 20 万元，折旧年限为 4 年，预计净残值为 1 万元，不考虑大修折旧回收总额，采用双倍余额递减法计算求该机电设备每年的折旧额。

附 录

附录 A 《设备点检员》（四级/中级工）国家职业技能标准

设备点检员是指使用检测工具，按照预定方式和标准检查在线生产设备或系统等，并监控检修过程的人员。本职业包含但不限于以下工种：机械设备点检员、电气设备点检员、仪表设备点检员、过程控制系统点检员。

2019 年 11 月 4 日，人力资源社会保障部办公厅印发《关于颁布纺织纤维梳理工等 46 个国家职业技能标准的通知》（人社厅发〔2019〕101 号），公布了纺织纤维梳理工、设备点检员、冲压工、模具工、变配电运行值班员、工程机械维修工等 46 个国家职业技能标准。

设备点检员（职业编码：6-31-01-01）国家职业技能标准以《中华人民共和国职业分类大典（2015 年版）》为依据，严格按照《国家职业技能标准编制技术规程（2018 年版）》有关要求，以"职业活动为导向、职业技能为核心"为指导思想，对设备点检员从业人员的职业活动内容进行了规范细致描述，对各等级从业者的技能水平和理论知识水平进行了明确规定。该标准依据有关规定将本职业分为四级/中级工、三级/高级工、二级/技师、一级/高级技师四个等级，包括职业概况、基本要求、工作要求和权重表四个方面的内容。

鉴于职业院校在校生可以直接申报四级/中级工，现将设备点检员四级/中级工的有关内容摘录如下，其他等级有关要求请参考人力资源和社会保障部制定的《国家职业技能标准：设备点检员（2019 年版）》（中国劳动社会保障出版社 2019 年 11 月出版）。

1. 基本情况

（1）申报条件。

具备以下条件之一者可申报四级/中级工：①取得本职业或相关职业五级/初级工职业资格证书（技能等级证书）后累计从事本职业或相关职业工作 4 年（含）以上；②累计从事本职业或相关职业工作 6 年（含）以上；③取得技工学校本专业或相关专业毕业证书（含尚未取得毕业证书的在校应届毕业生）或取得经评估认证、以中级技能为培养目标的中等及以上职业学校本专业或相关专业毕业证书（含尚未取得毕业证书的在校应届毕业生）。

（2）鉴定方式。

分为理论知识考试、技能考核以及综合评审。理论知识考试以笔试、机考等方式为主，主要考核从业人员从事本职业应掌握的基本要求和相关知识要求；技能考核主要采用现场操作、模拟操作等方式进行，主要考核从业人员从事本职业应具备的技能水平；综合评审主要针对技师和高级技师，通常采取审阅申报材料、答辩等方式进行全面评议和审查。

理论知识考试、技能考核和综合评审均实行百分制，成绩皆达 60 分（含）以上者为合格。职业标准中标注"★"的为涉及安全生产或操作的关键技能，如考生在技能考核中违反操作规程或未达到该技能要求的，则技能考核成绩为不合格。

（3）鉴定时间。

理论知识考试时间不少于 90 分钟，技能考核时间不少于 120 分钟，综合评审时间不少于 20 分钟。

（4）鉴定场所设备。

理论知识考试在标准教室进行；技能考核在具有必备的工业设备（包括机械、电气、仪表、过程控制系统）和必要的工器具，以及安全措施完善、光线良好的场所进行。

2. 基本要求

（1）职业道德。

爱岗敬业，忠于职守；遵纪守法，安全文明；诚实守信，团结协同；操作规范，精益求精；勤奋好学，不断进取。

（2）基础知识。

①设备管理基础知识：现代设备管理基础知识；设备管理业务的制度与流程；设备管理信息系统基础知识。

②专业技能基础知识：机械、电气、仪表、过程控制系统应用基础知识；点检基本方法及点检工器具使用方法；设备故障诊断的方法和技术。

③安全和环保知识：安全操作规程；消防安全知识；安全用电知识；应急急救知识；节能减排知识。

④质量管理知识：生产与质量管理基础知识；质量管理体系对设备管理的基本要求。

⑤相关法律、法规知识：《中华人民共和国劳动法》相关知识；《中华人民共和国安全生产法》相关知识；《中华人民共和国环境保护法》相关知识；《中华人民共和国劳动合同法》相关知识。

3. 四级/中级工工作要求

本标准对四级/中级工、三级/高级工、二级/技师、一级/高级技师的技能要求和相关知识要求依次递进，高级别涵盖低级别的要求。下面仅列出四级/中级工工作要求（见附表 A-1）。

本等级职业功能第 1、10 项为共同考核项，机械设备点检员还需考核第 2、3 项，电气设备点检员还需考核第 4、5 项，仪表设备点检员还需考核第 6、7 项，过程控制系统点检员还需考核第 8、9 项。

职业功能	工作内容	技能要求	相关知识要求
1. 设备点检管理	1.1 设备基础信息维护	1. 能按编码原则查询设备、备件等信息 2. 能录入设备基础信息	1. 设备编码知识和设备信息管理系统的操作规程 2. 设备基础信息的录入方法
	1.2 设备技术（标准）信息维护	1. 能录入设备技术标准 2. 能识别、选择、使用设备技术标准	设备技术标准的录入方法
	1.3 点检计划编制	1. 能编制设备的日常点检计划 2. 能按路线实施点检	1. 日常点检计划编制方法 2. 点检的分类方法
	1.4 检修计划编制	1. 能提出检修项目 2. 能编制日修计划	1. 设备检修分类知识 2. 日修计划编制方法
	1.5 检修项目实施	1. 能向检修方提供设备检修有关技术资料 2. ★能执行检修安全规定	1. ★危险源与环境识别知识 2. 检修技术资料构成要素
2. 机械设备状态检测	2.1 齿轮、轴承及变速箱检测	1. 能根据声音判断变速箱工作状态 2. 能用手感知箱体表面温度 3. 能检查、发现变速箱轴向异常窜动 4. 能通过异味判断变速箱润滑异常状态 5. 能通过变速箱窗口检查齿轮啮合、润滑和磨损情况 6. 能检测变速箱密封及润滑油液位、压力、温度	1. 齿轮传动原理和故障类型 2. 点检基本方法 3. 轴承检查方法 4. 润滑基本知识 5. 齿轮、轴承装配工艺及要求
	2.2 连接、传动系统检测	1. 能目视判断机械动作异常状态 2. 能查看连接部位泄漏状态 3. 能用听音棒检测冲击声 4. 能使用点检锤检查螺栓紧固状态 5. 能检查连接件失效状态 6. 能检查万向联轴器的安装状态 7. 能检查皮带、链条的松紧度	1. 联轴器种类及应用知识 2. 诊断工具应用知识 3. 连接件、传动件检查要求 4. 传动系统安装规范与标准
	2.3 液（气）压传动及润滑系统检测	1. 能检查液压油源和气压气源状态 2. 能判断执行元件运行状态 3. 能检查润滑系统状态	1. 液（气）压传动原理及作用 2. 液（气）压元器件工作原理及作用 3. 液（气）压密封件种类 4. 液压油液防污染基础知识
	2.4 旋转、往复设备检测	1. 能使用听音法确定故障位置 2. 能通过异味判断故障位置 3. 能检查油标油位、供油压力 4. 能根据机座表面温度和振动判断设备运转状况	1. 旋转设备工作原理 2. 往复设备工作原理 3. 设备状态监测基础知识

职业功能	工作内容	技能要求	相关知识要求
3.机械设备状态维护	3.1 齿轮、轴承及变速箱维护	1. 能排除齿轮变速箱故障 2. 能实施变速箱运行前的润滑作业 3. 能对轴、轴承和齿轮进行检查、调整 4. 能按技术要求装配、调整轴承间隙 5. 能按技术要求装配、调整齿轮啮合间隙	1. 齿轮、轴承失效类型 2. 变速箱润滑方式及应用 3. 变速箱密封方法 4. 齿轮、轴承装配方法 5. 变速箱维护操作规程
	3.2 连接、传动系统维护	1. 能按要求对连接件进行调整和紧固 2. 能对摩擦副实施润滑作业 3. 能修配联轴器的键和键槽 4. 能对带轮和链条进行预紧和纠偏处理	1. 机械传动原理知识 2. 联轴器种类及应用知识 3. 机械摩擦原理知识 4. 机械设备维护知识
	3.3 液（气）压传动及润滑系统维护	1. 能处理管路泄漏 2. 能更换过滤器 3. 能更换液（气）压元器件	1. 液压油液种类及特点 2. 液（气）压管路、管道安装知识
	3.4 旋转、往复设备维护	1. 能拆卸、装配联轴器 2. 能调整油、气、水的系统压力 3. 能更换密封件	1. 旋转、往复设备维护知识 2. 能源介质压力调整方法
4.电气设备状态检测	4.1 供配电设备状态检测	1. 能检查设备的外部状态 2. 能检查设备的运行参数 3. 能检查、调节油液油位 4. 能检测低压设备绝缘状态 5. 能检查设备冷却系统部件运行状态 6. 能检查设备元器件 7. 能检查动力电缆	1. 电工仪器仪表的工作原理及使用方法 2. 母线、绝缘材料知识 3. 电力电缆种类及应用知识 4. 变压器、互感器工作原理 5. 低压开关电器分类、结构及工作原理 6. 供配电装置试验检测标准与规程
	4.2 负载设备状态检测	1. 能检查负载设备外部状态 2. 能检查负载设备运行与性能参数 3. 能检查负载设备导线连接状态 4. 能检查照明灯具状态 5. 能检查发热元件状态 6. 能检查蓄电池工作状态	1. 电机的工作原理及主要性能参数 2. 电机轴承分类及润滑知识 3. 电加热设备的种类、结构及工作原理 4. 照明设备的种类及性能参数 5. 蓄电池的种类、性能及工作原理

学习笔记

职业功能	工作内容	技能要求	相关知识要求
4. 电气设备状态检测	4.3 自动控制系统设备状态检测	1. 能检查控制设备冷却系统状态 2. 能检查设备连接状态 3. 能检查控制系统运行参数及状态 4. 能检查控制系统元器件性能	1. 温湿度测量仪的种类及使用方法 2. 电气电路图阅读方法 3. PLC（可编程逻辑控制器）基本组成及工作原理 4. 交直流传动装置的分类、基本组成及工作原理 5. 控制设备环境及能源介质要求 6. 低压电气控制开关的种类及特性
	4.4 传感与检测设备状态检测	1. 能检查传感器、检测开关的外部状态及工作环境状况 2. 能检查传感器、检测开关的性能状态 3. 能调整传感器、检测开关的运行状态	1. 传感器、检测开关的工作原理、种类及应用知识 2. 传感器、检测装置的使用规则及安装验收规范
5. 电气设备状态维护	5.1 供配电设备状态维护	1. 能紧固设备连接线 2. 能维护变压器冷却通风装置 3. 能维护变压器油 4. 能维护供配电设备外观使其整洁、绝缘完好	1. 电力电缆运行维护知识 2. 变压器运行维护知识 3. 低压电器选用及维护知识
	5.2 负载设备状态维护	1. 能维护中小型电机 2. 能拆装电机 3. 能维护电加热设备 4. 能维护照明设备 5. 能维护蓄电池	1. 中小型电机运行维护知识 2. 电机机械故障处理方法 3. 照明灯具的种类、线路构成及控制方式 4. 电加热设备的拆装、调整方法 5. 蓄电池的充放电性能及维护知识
	5.3 自动控制系统设备状态维护	1. 能维护电气控制设备 2. 能维护电气设备冷却系统 3. 能下载、备份系统控制程序和参数 4. 能更换电控元器件 5. 能恢复系统设备运行	1. 电气电路图绘制 2. PLC操作维护知识 3. 交直流传动装置操作维护知识
	5.4 传感与检测设备状态维护	1. 能维护传感器、检测设备及控制开关 2. 能排除传感器部件机械故障 3. 能维护传感器、检测装置机构的润滑及安装状态	1. 传感器、检测装置检修维护知识 2. 传感器、检测装置使用规范

学习笔记

职业功能	工作内容	技能要求	相关知识要求
6.仪表设备状态检测	6.1 测量仪表、显示仪表检测	1. 能检查测量仪表、显示仪表的外观及安装使用环境 2. 能检查分析仪表的外观及采样部件状态 3. 能检查变送器的外观及导压管密封状态 4. 能检查仪表线缆的外观 5. 能检查记录仪的外观及输出状态	1. 测量仪表、显示仪表结构及应用知识 2. 分析仪表结构知识 3. 计量基本方法 4. 检测仪表图形符号知识 5. 仪表电缆、管道敷设知识
	6.2 执行器检测	1. 能检查执行器的外观、机械传动部件状态及安装使用环境 2. 能检测执行器气路、电路状态 3. 能检测阀门定位器能源介质状态 4. 能检查安全栅的外观及安装使用环境	1. 电动、气动执行器的结构及工作原理 2. 电/气转换器工作原理 3. 阀门定位器的工作原理及作用 4. 仪表安装知识
	6.3 仪表控制系统检测	1. 能检查操作站部件的外观及安装使用环境 2. 能检查控制站部件的外观及安装使用环境 3. 能检查通信部件的外观 4. 能检测仪表控制系统附件的外观及性能状态	1. 仪表控制系统操作站硬件知识 2. 仪表控制系统控制站硬件知识 3. 仪表控制系统外设知识
7.仪表设备状态维护	7.1 测量仪表、显示仪表维护	1. 能维护测量仪表、显示仪表的外观及安装使用环境 2. 能维护分析仪表的外观及采样部件状态 3. 能维护变送器的外观及导压管密封状态 4. 能维护仪表线缆、连接件、密封件的状态 5. 能维护记录仪的外观及输出部件	1. 仪表清洁工具及清洁剂的使用方法 2. 测量仪表、显示仪表维护要求 3. 分析仪表维护要求
	7.2 执行器维护	1. 能维护执行器的外观、机械传动部件状态及安装使用环境 2. 能维护执行器气路、电路状态 3. 能维护阀门定位器能源介质状态 4. 能维护安全栅的外观及端子状态 5. 能排除阀门定位器和气动放大器故障	1. 执行器维护知识 2. 手动操作器维护知识 3. 阀门定位器维护知识 4. 安全栅维护知识
	7.3 仪表控制系统维护	1. 能维护操作站部件的外观及安装使用环境 2. 能维护控制站板卡的外观及安装使用环境 3. 能维护控制系统通信部件的外观 4. 能维护仪表控制系统附件的外观及性能状态	1. 仪表控制系统维护知识 2. 仪表控制系统硬件组态知识

职业功能	工作内容	技能要求	相关知识要求
8. 过程控制系统状态检测	8.1 硬件状态检测	1. 能检测硬件的外观及安装使用环境 2. 能检测硬件的运行状态	1. 传感器工作原理及安装使用知识 2. 变送器工作原理及安装使用知识 3. 工业控制计算机硬件系统知识
	8.2 软件状态检测	1. 能检测软件的运行状态 2. 能检测系统操作画面状态 3. 能检测系统病毒	1. 工业控制系统软件基础知识 2. 计算机病毒的防范知识 3. 杀毒软件的安装与更新方法
	8.3 执行装置设备状态检测	1. 能检测执行设备的外观、能源介质状态及安装使用环境 2. 能检测执行设备的性能状态	1. 调节阀类型及工作原理 2. 阀门定位器结构及工作原理
	8.4 通信网络设备状态检测	1. 能检测通信网络设备的外观 2. 能检测通信网络设备的安装使用环境	1. 通信网络硬件及其构成基本知识 2. 工业控制网络和现场总线的组网方式
9. 过程控制系统状态维护	9.1 硬件状态维护	1. 能维护硬件的外观及安装使用环境 2. 能维护硬件的功能 3. 能安装、更换终端系统的硬件 4. 能更换主机部件及耗材	1. 传感器、变送器维护方法 2. 工业控制系统硬件维护方法
	9.2 软件状态维护	1. 能维护系统软件的运行状态并备份 2. 能维护系统软件的安装使用环境 3. 能重新启动系统软件 4. 能查询生产过程数据 5. 能指导操作界面的使用	1. 计算机操作系统知识 2. 计算机备份基本知识 3. 工业控制计算机软件应用知识
	9.3 执行装置设备状态维护	1. 能维护执行设备的外观及安装使用环境 2. 能维护执行设备的性能状态 3. 能维护执行设备的能源介质状态	1. 调节器维护方法 2. 阀门定位器维护方法
	9.4 通信网络设备状态维护	1. 能维护通信网络设备的外观 2. 能维护通信网络设备的安装使用环境	1. 网络设备的运行维护知识 2. 通信网络设备的组成知识 3. 通信网络设备安装使用环境要求

职业功能	工作内容	技能要求	相关知识要求
10. 设备状态优化	10.1 设备运行状态优化	1. 能收集设备运行信息和动态数据 2. 能整理设备运行信息和动态数据	设备运行信息和动态数据的收集与整理要求
	10.2 设备维保方式优化	1. 能选择设备维保方式并提出优化建议 2. 能为实施预案做好技术和物资准备 3. 能按预案处理设备突发故障	1. 设备维保方式的概念与特点 2. 应急预案管理方法

4. 权重表

（1）理论知识权重表（见附表 A-2）。

附表 A-2　四级/中级工理论知识权重

项目	工种	四级/中级工/%			
		机械设备点检员	电气设备点检员	仪表设备点检员	过程控制系统点检员
基本要求	职业道德	5			
	基础知识	20			
相关知识要求	设备点检管理	25			
	机械设备状态检测	20	—		
	机械设备状态维护	20	—		
	电气设备状态检测	—	20	—	
	电气设备状态维护	—	20		
	仪表设备状态检测	—		20	—
	仪表设备状态维护	—		20	
	过程控制系统状态检测	—			20
	过程控制系统状态维护	—			20
	设备状态优化	10			
	总结、培训与创新	—			
合计		100			

（2）技能要求权重表（见附表 A-3）。

附表 A-3　四级/中级工技能要求权重

项目 ＼ 工种	四级/中级工/%			
	机械设备点检员	电气设备点检员	仪表设备点检员	过程控制系统点检员
设备点检管理	30			
机械设备状态检测	30	—		
机械设备状态维护	30	—		
电气设备状态检测	—	30	—	
电气设备状态维护	—	30	—	
仪表设备状态检测	—		30	—
仪表设备状态维护	—		30	—
过程控制系统状态检测	—			30
过程控制系统状态维护	—			30
设备状态优化	10		—	
总结、培训与创新	—		—	
合计	100			

附录 B　全国设备点检管理职业技能竞赛

1. 基本情况

全国设备点检管理职业技能竞赛是由人力资源和社会保障部批准的国家级二类职业技能大赛，属于全国行业职业技能竞赛赛项之一，由冶金工业职业技能鉴定指导中心、中国就业培训技术指导中心和中国设备管理协会联合主办。

第一届全国设备点检管理职业技能竞赛全国总决赛于 2020 年 12 月 19 日在广东省肇庆市举办。总决赛前三名选手，经人力资源和社会保障部核准后授予"全国技术能手"荣誉称号。第一届竞赛有 12 名选手荣获"设备点检管理行业技术能手"称号，3 名选手荣获"全国技术能手"称号。

第二届全国设备点检管理职业技能竞赛全国总决赛于 2021 年 12 月 19 日在广西壮族自治区柳州市举办。下面介绍 2021 年 7 月 19 日发布的第二届竞赛通知主要内容，供拟参赛的选手参考。

2. 竞赛职业、组别及参赛选手条件

竞赛职业（工种）为：机械设备点检员和工业机器人系统运维员（机器人系统故障分析与诊断）分设职工组和学生组。具体参赛选手条件为：

（1）职工组。

从事机械设备点检、工业机器人系统运维相关专业或职业的企业在职职工；从事相关专业的职业院校（含职业本科院校、技工院校、高职高专、中职等）教师可报名参加职工组比赛。

已获得"中华技能大奖""全国技术能手"称号及已取得"全国技术能手"申报资格的人员，不得以选手身份参赛。

（2）学生组。

职业院校（含技工院校、高职高专、中职等）相关专业全日制在籍学生可报名参加学生组比赛。

3. 竞赛标准

竞赛两个赛项均由理论知识考核和技能操作考核两部分组成。其中，理论知识成绩占总成绩的30%，技能操作成绩占总成绩的70%。

竞赛试题依据《设备点检员》《工业机器人系统运维员》国家职业技能标准高级工（国家职业资格三级）及以上等级的知识和技能要求，结合生产岗位实际以及各行业通用性安排竞赛内容，并适当增加新知识、新技术、新设备和新技能的占比。

4. 竞赛安排

竞赛分为选拔赛和全国总决赛两个阶段进行。选拔赛应由各省、自治区、相关行业协会组织实施，选拔赛阶段分七个赛区举行。在全国范围内设华东、华南、华北、华中、西南、西北、东北七个赛区，各赛区在组委会统一指导下，按竞赛规程组织实施。应于2021年10月30日前完成。

全国总决赛在全国组委会的领导下组织实施，拟定于2021年11月下旬在广西柳州举行，参加决赛代表队按照均衡原则，合理分配。各赛区决赛名额为8~10个代表队。请报名参赛单位于2021年8月10日前将预报名表报组委会办公室。统筹安排后，决赛具体时间等要求另行通知。

5. 奖励办法

（1）优秀团体奖。

职工组和学生组分别产生：

一等奖：团体总分第1名的代表队；

二等奖：团体总分第2、3名的代表队；

三等奖：团体总分第4~6名的代表队。

由全国组委会颁发奖杯、奖牌和荣誉证书。

（2）优秀个人奖。

①职工组。

各赛项决赛获得前3名的选手，报请人力资源社会保障部核准后，授予"全国技术能手"称号。竞赛选手晋升职业技能等级事宜严格按人力资源社会保障部相关规定执行。

②学生组。

各赛项设一、二、三等奖，以参赛队总数为基准。一、二、三等奖获奖比例分别为10%、20%、20%，获奖选手颁发奖杯、奖牌和荣誉证书。各赛项荣获一等奖选手的指导教师，将颁发"优秀指导教师"荣誉证书。

（3）竞赛另设突出贡献奖、优秀工作者、优秀组织奖、优秀裁判员，由全国组委会颁发奖牌或荣誉证书。

（4）其他奖项设置及评比办法详见竞赛规程。

（5）以上各类奖项均不得超过决赛期间全部选手、裁判、工作人员的50%。

6. 有关要求

本届竞赛是国家二类职业技能竞赛，是全国设备管理领域的重要职业技能赛事。各单位应统筹考虑新冠肺炎疫情防控情况和各地对举办大型活动的要求，合理确定各项工作。加强组织领导，广泛发动宣传，利用各种宣传手段突出宣传"重视技能、尊重技能人才"理念。扎实开展选拔赛活动。通过选拔赛遴选出思想品德高尚、理论知识和实际操作过硬的技术精英，参加本届竞赛决赛。

附录C　企业设备管理条例

第一章　总则

第一条　为规范设备管理，提高企业技术装备水平和经济效益，保证设备安全运行，促进国民经济可持续发展，制定本条例。

第二条　本条例适用于各种所有制企业的全部生产、运营设备管理。

第三条　企业设备管理应当遵循依靠技术进步、促进生产经营活动和预防为主的方针，坚持设计、制造与使用相结合，维护与检修相结合，修理、改造与更新相结合，专业管理与群众管理相结合，技术管理与经济管理相结合的原则。

第四条　企业设备管理的主要任务，是对设备实行综合管理，保持设备性能的完好，不断改善和提高技术装备素质，充分发挥设备效能，降低设备寿命周期费用，使企业获得良好的投资效益。

第二章　政府有关部门的职责

第五条　国务院有关部门应当按照各自的职责，依据国家的法律、法规，制定有关设备管理的规章与办法，对企业设备管理工作实施监督管理与规范管理。

第六条　各省、自治区、直辖市人民政府有关部门，应当按照国家有关法律、法规和规章，对企业的设备管理实行监督和指导。

第七条　国务院有关部门和各省、自治区、直辖市人民政府有关部门根据工作需要，委托全国和行业、地方设备管理协会，负责规范和协调企业的设备管理工作。

第三章　设备资产管理

第八条　企业设备资产是企业总资产的主要组成部分。企业设备不仅是生产经营活动的重要手段，也是企业投资。企业设备不仅是设备资产购置或建造应进行认真的经济技术分析和安全、环保性能评价。企业董事会和经理（厂长）要对投资决策承担责任。

第九条　按照财政部门规定的限额标准，确定企业固定资产。企业固定资产设备应按照有关规定折旧，并保证企业设备的改造与更新。

第十条　企业大型、成套设备的购置或建造应实行招标和投标制度。

第十一条　企业大型、成套设备的制造、安装应实行监理制度。企业的自制设备应实行严格的验收制度，并纳入固定资产管理。

第十二条　企业大型、成套设备的处置应实行技术鉴定与价值评估，量质论价转让或淘汰报废。

第四章　设备安全运行管理

第十三条　设备制造单位应具备良好的生产备件，具有工商行政管理部门颁发的《营业执照》和有关部门颁发的《生产许可证》。设备制造单位生产的设备和选用的件均应达到技术质量要求，保证用户安全使用。

第十四条　企业对各类设备均应制定安全操作规程和保养、检修规程。严禁违章操作、带病作业和超过负荷标准运行。

企业起重运输设备（含电梯）、锅炉、压力容器（含压力管道）、汽车、供变电设施和大型游艺设施等特种设备，要按照国家有关部门制定的规程，定期进行安全检测，发现异常应停止使用，及时修理。

第十五条　生产易燃易爆危险品的企业，所使用的设备必须具备防爆性能。

第十六条　企业发生设备事故，应当认真分析原因，确定事故性质与类别，确定责任者，并做出妥善的处理。

企业发生重大、特大设备事故，应及时报告安全生产监督管理部门。

各行业设备事故分类标准，由行业主管部门或委托行业设备管理协会制定。

第十七条　从事特种设备检测、修复、安装和改造的单位，应按照国家有关部门的规定，严格履行市场准入制度，以保证特种设备的安全运行。

第五章　设备节约能源管理

第十八条　企业购置或建造能耗高的设备与设施，应按照《合理用能标准》和《节能设计规范》进行审核。

第十九条　企业对在用能耗高的设备，应采用先进技术进行节能改造。

国家鼓励企业实现电动机、风机、泵类设备和系统的经济运行，采用电机调速节能和电力电子节能技术。

第二十条　企业对无法改造或无改造价值的能耗高设备，应按国家有关部门规定的淘汰目录与淘汰期，实行资产报废。

属于淘汰范围的能耗高的设备，不准转让。

第六章　设备环境保护管理

第二十一条　企业购置设备和实施技术改造，应选用污染物排放量达标的设备。防治污染的设施，未经环境保护主管部门的同意，不准擅自拆除或闲置。

第二十二条　企业在生产作业过程中，各类设备向大气排放烟尘、废气浓度和向自然水域排废水、废液的有害物质含量，均应低于国家有关标准。企业对超过标准的设备应停止使用，及时治理或改造。

第二十三条　企业在生产作业过程中，各类设备产生的噪声，在界域边缘应低于国家有关标准。企业对超过标准的设备应及时治理或改造。企业在城市建筑施工工作过程中，各类设备产生的噪声应低于国家有关标准，并应在规定时段作业。

第二十四条　国家对严重污染环境的落后设备实行淘汰制度。企业必须在国家有关部门的期限内，停止生产、销售、进口和使用淘汰目录中规定的设备。

前款规定被淘汰的设备，不得转让给他人使用。

第七章　设备资源市场管理

第二十五条　国务院有关部门和各省、自治区、直辖市人民政府有关部门应积极培育与规范设备维修市场、设备备品配件市场、设备租赁市场、设备调剂市场和设备技术信息市场等设备资源市场。

第二十六条　设备资源市场的交易与服务实行合同制度。合同应包括当事人、交易内容、交易质量、交易期限、交易金额和违约责任以及解决争议的方法等项内容。合同纠纷按国家有关规定处理。

第二十七条　设备维修（含改造）交易活动技术性较强。国务院有关部门和各省、自治区、直辖市人民政府有关部门应主持制定各类设备修理技术标准，以保证设备维修质量。

在国家、行业和地区修理技术标准不足的情况下，企业应自订标准。从事设备修理的企业应根据相关标准制定设备修理规程。

第二十八条　从事特种设备维修（含检测、安装、改造）的企业，需经国家规定的专业部门资格认证后，到工商行政管理部门核准、注册登记，领取《营业执照》后方可营业。

第二十九条　生产与销售设备备品、配件的企业，要保证备件的质量，严禁以次充好。

第三十条　出租设备的企业应保证设备性能良好、运行安全可靠和及时进行检测与修理。

第八章　设备规范管理

第三十一条　企业应不断规范设备管理，积极采用以计算机为主要手段的设备管理方式，采用以状态监测为基础的设备维修方式，采用以可恢复性技术为主的修理方式，采用以微电子技术为重点的设备技术改造方法。

第三十二条　为保证设备管理任务的完成，企业应根据生产规模、运营性质和设备数量与复杂程度，配备高效、精干的设备管理与维修部门和人员。

第三十三条　企业应根据国家有关法律、法规和规章，制定和完善设备管理制度和技术规程与技术标准。

第三十四条　企业应加强设备管理基础工作，完善凭证管理、数据管理、定额管理和档案资料管理，并定期进行统计分析，作为企业规划、决策和改进设备管理工作的依据。

第三十五条　企业应重视设备经济管理，加强设备资产核算与折旧工作，合理制定维修费用指标。

第三十六条　企业应重视对各级设备管理与技术人员以及操作者的培训，提高他们的技术、业务素质，使其达到岗位要求。

第九章　法律责任

第三十七条　国务院有关部门和各省、自治区、直辖市人民政府有关部门应根据相关法律、法规和规章，对违法行为予以处罚。

第三十八条　企业违反本条例规定，违反操作规程和检修规程，导致发生设备事故，应追究相关人员的责任。

（一）对于一般事故，对直接责任人给予经济处罚；

（二）对于重大事故，对主管负责人和直接责任人给予经济处罚和行政处分；

（三）对于特大事故，对经理（厂长）、主管负责人和直接责任人给予经济处罚和行政处分。情况特别严重构成犯罪的，依法追究刑事责任。

第三十九条　企业违反规定，使用国家明令淘汰的用能设备和严重污染环境的设备，由县以上有关部门责令停止使用或没收；情节严重的，可报县以上人民政府批准，责令停业整顿或关闭。

第四十条　企业违反规定，转让国家明令淘汰的用能设备和严重污染环境的设备，由县以上有关部门没收非法所得，并处以相应罚款。

第四十一条　企业违反规定，向大气排放污染物超过国家标准的，应当限期整改，并由县以上地方人民政府有关部门处以一万元以上十万元以下的罚款。

第四十二条　企业违反规定，向自然水域排放污染物超过国家标准的，或在噪声敏感建筑物集中区域造成严重环境噪声污染的，应限期治理。逾期未完成治理任务的，除按国家规定征收两倍以上超标准排污费外，可以根据所造成的危害和损失，由环境保护部门处以罚款，或者由县以上地方人民政府决定责令其停业、搬迁或者关闭。

第四十三条　企业违反规定，未经环境保护部门同意擅自拆除或者闲置环境保护防治设施，致使排放超过规定标准的，由县以上地方人民政府环境保护部门责令改正，并处罚款。

第四十四条　企业违反本条例规定，未经资质认证从事特种设备检测、修理、安装和改造，造成重大设备事故的，给予经济处罚和责令停业整顿。情节特别严重构成犯罪的，依法追究刑事责任。

第四十五条　企业违反本条例规定，生产、销售伪劣设备、备件，由县以上地方人民政府有关部门予以没收，并处以罚款。

第十章　附则

第四十六条　本条例原则上亦适用于各种所有制事业单位的设备管理工作。

第四十七条　本条例由国家发展计划委员会、国家经济贸易委员会会同国务院有关部门组织实施。

第四十八条　国务院有关部门和各省、自治区、直辖市人民政府，可根据本条例制定实施办法。

第四十九条　本条例自发布之日起施行。1987年7月28日国务院发布的《全民所有制工业交通企业设备管理条例》同时废止。

参考文献

[1] 沈永刚. 现代设备管理 [M]. 北京：机械工业出版社，2018.

[2] 徐皓，刘江. 机电设备管理 [M]. 北京：机械工业出版社，2020.

[3] 张映红，韦林，莫翔明. 设备管理与预防维修 [M]. 北京：北京理工大学出版社，2019.

[4] 何世松，贾颖莲，王敏军. 基于工作过程系统化的高等职业教育课程建设研究与实践 [M]. 武汉：武汉大学出版社，2017.

[5] 郁君平. 设备管理 [M]. 北京：机械工业出版社，2019.

[6] 刘宝权. 设备管理与维修 [M]. 北京：机械工业出版社，2018.

[7] 何世松，贾颖莲. 工程机械车载热电制冷器具研发与虚拟仿真 [M]. 南京：东南大学出版社，2018.

[8] 余锋. 机电设备管理 [M]. 北京：北京理工大学出版社，2014.

[9] 郁君平. 设备管理 [M]. 北京：机械工业出版社，2017.

[10] 何世松，贾颖莲. Creo 三维建模与装配（7.0 版）[M]. 北京：机械工业出版社，2022.

[11] 何世松，贾颖莲. 新时代背景下高等职业教育的综合改革路径——从产业需求侧反观教育供给侧 [J]. 中国职业技术教育，2020（04）：83-87.

[12] 高志坚. 设备管理与点检维修 [M]. 北京：机械工业出版社，2018.

[13] 宋艳杰. 机电设备管理技术 [M]. 北京：化学工业出版社，2018.

[14] 熊智，贾颖莲，何世松. 基于岗位能力培养的高职课程学习载体设计与实践 [J]. 职教论坛，2017（2）：69-71.

[15] 邵泽波，陈庆，刘彦辰. 机电设备管理技术 [M]. 北京：化学工业出版社，2014.

[16] 韦林. 设备管理 [M]. 北京：机械工业出版社，2015.

[17] 中国机械工程学会设备与维修工程分会. 设备管理、设备润滑与液压技术 [M]. 北京：机械工业出版社，2004.

[18] 李葆文. 与工厂经理谈谈设备管理创新认知 [M]. 北京：机械工业出版社，2020.

[19] 人力资源和社会保障部. 国家职业技能标准：设备点检员（2019 年版）[M]. 北京：中国劳动社会保障出版社，2019.

[20] 朱胜，姚巨坤. 再制造技术与工艺 [M]. 北京：机械工业出版社，2011.

[21] 徐滨士，史佩京. 再制造工程管理与实践 [M]. 哈尔滨：哈尔滨工业大学出版社，2019.